"地 球"系 列

THE
WATERFALL

瀑 布

[英]布赖恩·J. 赫德森◎著

洪水丽◎译

上海科学技术文献出版社
Shanghai Scientific and Technological Literature Press

图书在版编目（CIP）数据

瀑布 /（英）布赖恩·J. 赫德森著；洪水丽译 . 一上海：
上海科学技术文献出版社，2023
（地球系列）
ISBN 978-7-5439-8685-5

Ⅰ . ① 瀑… Ⅱ . ① 布…② 洪… Ⅲ . ① 瀑布—世界—普
及读物 Ⅳ . ① P343.2-49

中国版本图书馆 CIP 数据核字（2022）第 196655 号

Waterfall

Waterfall by Brian Hudson was first published by Reaktion Books in the Earth series,
London, UK, 2012. Copyright © Brian Hudson 2012

Copyright in the Chinese language translation (Simplified character rights only) ©
2023 Shanghai Scientific & Technological Literature Press

图字：09-2020-503

选题策划：张　树　　　　责任编辑：姜　曼
助理编辑：仲书怡　　　　封面设计：留白文化

瀑　布
PUBU
[英]布赖恩·J. 赫德森 著　　洪水丽 译
出版发行：上海科学技术文献出版社
地　　址：上海市长乐路 746 号
邮政编码：200040
经　　销：全国新华书店
印　　刷：商务印书馆上海印刷有限公司
开　　本：890mm×1240mm　1/32
印　　张：7.625
字　　数：140 000
版　　次：2023 年 3 月第 1 版　2023 年 3 月第 1 次印刷
书　　号：ISBN 978-7-5439-8685-5
定　　价：58.00 元
http://www.sstlp.com

目　录

前　言

　　小瀑布、瀑布和大瀑布的形态不一，千变万化……

——托马斯·韦斯特，1784 年

　　许多人以游览瀑布为乐，市面上以瀑布为主题的著作也早已屡见不鲜。自 17 世纪晚期，一名叫路易斯·亨内平的法国人对尼亚加拉瀑布大加赞美后，大量关于尼亚加拉瀑布的著作纷纷出版，尤其是 19 世纪初期后，关于尼亚加拉瀑布的记载更是层出不穷。直到后来，其他瀑布才逐渐成为各种著作的主角。

　　早期在全球范围内介绍大瀑布的书籍，主要代表作是乔治·霍利于 1883 年出版的《尼亚加拉大瀑布和世界其他著名瀑布》，以及约翰·吉布森于 1887 年出版的《瀑布与间歇泉》。

　　大多数关于瀑布的著作介绍的是某一个国家或州或地区的瀑布。但是自从爱德华·拉什利的著作《世界瀑布》（1935）出版以后，就很少有此类书籍出版了。寥寥

I

几本关于瀑布的插图卷也大都是薄薄的画册，其中部分主要是面向儿童市场。1973 年至 1975 年间，地质学家理查德·麦克斯韦·珀尔在他的《地球科学》杂志上发表了一系列关于瀑布的文章，他意图把这些文章编成一本书，却始终没有实现。

本书对瀑布的研究非常全面，但无意囊括世界上所有的瀑布。这与我的目的相去甚远。因而一些瀑布，我省去不提，对此，读者也许会感到失望。但我的目的在于从多个角度剖析瀑布从而赞美这些自然奇观的壮丽，并突出它们在人类历史中的作用。

为让本书更具代表性，我从世界范围内的瀑布中挑选了一些典型例子。有些瀑布很有名，有些却很普通。我所探讨的这些瀑布分布在世界各地，包括北美、南美、欧洲、非洲、亚洲、大洋洲甚至是地球的极地地区，这大概是因为最近的全球变暖。

虽然关于尼亚加拉瀑布的书籍和文章已足够填满一个大型图书馆了，但因其在旅游、发电、城市发展和艺术史方面有着举足轻重的地位，人们还是无法避免地频繁提及这座壮阔的瀑布。本书中，我将谈论诸多问题，例如，人类对瀑布的影响，尤其是水电计划和旅游业发展对瀑布的影响。此外，还有人造瀑布。人造瀑布一直以来是设计景观的特色之一。以人造瀑布围成的水墙勾勒出双子大楼的遗址，就显著突出了人造瀑布的当代作用。

　　我是一名地理学家，也曾通过培训获得城市和地区规划师资质。除个人专业领域外，我在其他许多知识领域也作出过大胆的尝试。对于书中我可能犯的错误，在此我深表歉意，并请各位指正。

布赖恩·J. 赫德森

2022 年 8 月

第一章　瀑布爱好者与瀑布

瀑布具有普遍的吸引力……

——格里夫·费罗斯,《英格兰瀑布》

瀑布跌水时真美!

——玛丽·韦尔什,《进一步探索约克郡瀑布》

许多人喜欢瀑布。这些爱好瀑布的人通常被称为瀑布爱好者、瀑布迷、瀑布行家,甚至是瀑布收藏者。虽然这些瀑布爱好者们可能做的只是拍摄或保存一些相片,但他们宝贵的记忆也可以珍藏在旅行笔记、信件或日记里。瀑布迷们带上相机,或是素描本和铅笔,就可以像诗人威廉·华兹华斯和柯勒律治一样出发去"狩猎瀑布",例如多萝西·华兹华斯在她的日记中描写的那样。现如今"狩猎瀑布"通常被称作"瀑布探险",并且瀑布迷们常以"瀑布学"这一术语来形容对瀑布的研究和浓厚兴趣。

世界各地、各行各业都有喜欢瀑布的人。有些乡村地区十分重视他们本地的瀑布。当地人视瀑布为放松的宝地。在那里，他们可以沐浴在奔腾的溪流中，享受清凉的小瀑布和诱人前往的岩石池，然后在池边休息。例如，如今居住在巴布亚新几内亚独立国芬什哈芬港后面山上的村民闲暇时喜欢步行去一个以治愈功效而闻名的小瀑布，享受这座天然按摩浴缸的按摩功效。

不过，现在大多数的瀑布迷们只是喜欢在度假或郊游时游览瀑布。瀑布是驾车一日游的热门目的地。一般途中只需短途步行就可到达，有时如果目的地较远，则需一段较为艰苦的徒步旅行。同时，瀑布也是商业旅游的热门景点之一。但是，也有些瀑布迷们在自己的爱好

透纳，哈德罗福斯瀑布，1816—1818 年，水彩画
这座位于约克郡山谷的瀑布自 18 世纪以来一直受到瀑布爱好者的欢迎

上要更讲究一点。这些瀑布迷们喜欢将大部分的闲暇时间花在搜寻一些他们未曾一见的瀑布上，并且会重复游览他们最喜欢的几处瀑布。再者，他们喜欢在不同的环境下造访这些瀑布，有时是根据季节，也有时是根据天气来进行。这些瀑布迷中部分人热衷于业余和专业摄影，他们喜欢以瀑布为拍摄对象。另外，还有一些瀑布迷们会采用更为系统的方法。他们会探寻一些特定的区域并详细记录他们发现的瀑布的高度、宽度、流量等特征。在互联网上有数以百计的瀑布网站，其中有几个网站信息较为丰富且颇具权威性。但是，大部分网站其实仅是由假日快照和旅行记录相片组成的摄影作品集。

瀑布：小瀑布与大瀑布

通常情况下，我们见到的跌水现象就是下雨。但是，下雨这种自然现象虽可能为人所喜爱，却并不能给我们带来观赏瀑布时那种特殊的乐趣。我们也许可以将瀑布定义为"从河道垂直处或极其陡峭处跌落下的水流"，但是水道要多陡峭才够资格呢？水流又是在哪一个坡度由急流演变成瀑布呢？小股水流即使是从垂直的或悬挂的岩石纵面流淌下来，也不足以让观察者视为瀑布，原因在于水量太小了。甚至是一些有名的瀑布也并不总能让观察者相信下落的水流可以被真正地叫作瀑布。19世纪时，旅行家塞缪尔·莫斯曼和托马斯·班尼斯特曾去参

托马斯·希伍德，《挡风板瀑布》，版画；原图出自约翰·斯金纳·普劳特，1805—1875年

观位于澳大利亚新南威尔士州的温特沃斯瀑布（"澳大利亚蓝山山脉上的著名瀑布"），然而温特沃斯瀑布稀少的水量却让两人失望至极，他们觉得"温特沃斯瀑布的水量实在是太少了，根本不足以称为瀑布"。和那些瀑布一样，本书中很多瀑布画作和照片中的小瀑布在干燥的天

气里也常常会变成涓涓细流，甚至可能完全干涸。

关于瀑布的定义，很多瀑布学家们也在争论不休。但是于我而言，我更感兴趣的是"cascade（小瀑布）"和"cataract（大瀑布）"这两个词的使用。这两个词经常被用来表示不同类型的瀑布。两者在字典里的定义有助于我们区分它们，但仍然存在不确定的地方。"cascade"一词一般意为"小型瀑布"或"几缕瀑布"，但是尚不清楚瀑布中落下的水流也就是各缕水柱是否必须很细才能称为"小瀑布"，而"cataract"一词一般意为"湍急的瀑布"或是"大型瀑布"。对此，一位地理学家曾对"cataract"一词提出了更为精确的定义。他将这一术语概括为"水道中水流下跌的陡度应低于75°，该河道上还可能会有数个小瀑布，但是这些小瀑布的总高度会低于河道上大瀑布的总高度"。借助这一定义，我们可以了解到"cataract"下跌的陡度要低于"waterfall"。但是尼亚加拉大瀑布和维多利亚大瀑布下跌的陡度非常大，我们却通常以"cataract"一词来描述它们。这是因为就宽度和水量而言，尼亚加拉大瀑布和维多利亚大瀑布当之无愧可称为大瀑布，虽然和世界范围内的瀑布相比，这两个瀑布都不高。而著名的尼罗河大瀑布，实际上却不能称为瀑布，以急流称之更为贴切。因为尼罗河瀑布位于世界上最大的河流——尼罗河——上，水流流速非常快，水中经常有岩石与水流相击。

刚果瀑布群中最著名的是博约马瀑布（之前名为史

俄勒冈州的马特诺玛瀑布，分两级下跌，落差189米。建于1914年的本森桥为行人提供了从瀑布中间欣赏壮观景色的机会

位于新西兰北岛的胡卡瀑布，以其澎湃、蔚蓝的水流而闻名

丹利瀑布），尽管它比尼罗河瀑布更让人叹为观止，但博约马瀑布和尼罗河瀑布一样并不是真正的瀑布，而是急流。7个主坡道，博约马瀑布在100多千米的河段上向下坠落了60米。同样的，我们也总是以"cataract（大瀑布）"称呼博约马瀑布。

一般来说，落差比较大的瀑布会相对较窄，水量上也会相对较少。这种瀑布经常会分几级跌落，因而呈现缕状，以"小瀑布"著称。虽然在另一种定义上，这种瀑布很难被称为"小"瀑布。譬如，约塞米蒂瀑布从悬崖侧面跌落，落差达739米。一般人们却视之为世界上最大的瀑布之一。而在本书中，我将把任何从垂直处或非常陡峭处落下的河水或溪流都称为"瀑布"。

胡卡瀑布

于我而言，"小瀑布"一词给我的感觉非常微妙。它可以指从浅层台阶上跌落的缕状瀑布，也可以指跌落时形成的水幕如同精致透明的水晶窗帘的瀑布。相反，我用"大瀑布"一词来形容那些水量大，在宽阔但不必太高的峭壁边缘上翻滚的瀑布，用"瀑布"一词来表示两个含义：一个是复数名词，表示一个以上的瀑布；一个是单数名词，表示书中所指的是某一个特定的瀑布。这种用法在文献中很常见，例如这句话"胡卡瀑布是新西兰最受欢迎的自然景点"。那么，是什么吸引我们去往瀑布的呢？这就是我们后续章节要讨论的话题了。在此之前，我们首先要讨论的是瀑布的起源、发展的方式以及生活在瀑布中和瀑布周围的生命。

第二章 瀑布的产生、发展与消亡

瀑布是解释地貌的重要工具。

——奥德·冯·恩格尔恩,《地貌学：系统化与区域》

白色的水流喷射在圆形的黑色岩石上，在瀑布旁边我们总能看见这样的场景……瀑布倾泻而下的速度极快，似乎不可能有任何生物在其中生存。

——大卫·博格,《生命之河》

瀑布的全球分布

瀑布的分布情况非常不均匀。在地球表面绝大部分地区上，瀑布的数量都很稀少或者几乎绝迹。然而，在有些地区，瀑布却很常见。原因在于瀑布的形成和当地的环境高度相关。虽然地球表面上 70% 以上的面积被水覆盖，但是大部分的水在海洋中，陆地上的水仅占世界水体总量的 2.8%，而且这部分的水也大都以冰的形式存在于南北极和冰川中。因此，世界上其实只有不到1%的淡水，而其中，流水又仅占很小的一部分。总之，在任何时候，地球上只有不到0.000 1%的水是在河道中，而河道所占的面积仅占整个陆地表面面积的千分之一左右。

瀑布仅在海拔高度发生明显变化的地方才会出现，因此在平坦、低洼的区域（例如沿海地区和冲积平原）中瀑布是不存在的。海拔一般或地势轻微起伏的地形中也可能会形成瀑布，只要其高度足够高，并且流水从中穿过，对其下游的山谷或峡谷造成了明显侵蚀。例如，尼亚加拉瀑布和维多利亚瀑布的形成条件。所以，满足这些条件的丘陵、山区、高原边缘地带和一些有着独特地貌历史的沿海地区，只要有河流或溪流，就很有可能形成瀑布。

干旱地区通常不会形成长期瀑布，除非流经这些地区的河流从湿润地区穿过。例如奥兰治河上的奥赫拉比斯瀑布。形成奥赫拉比斯瀑布的水源在进入卡拉哈里沙漠时，水流量会持续增加。另外，即使在沙漠中，偶发的暴风雨也会形成壮观的短期瀑布，例如在澳大利亚的乌鲁鲁（也称为艾尔斯岩石）上偶尔可以看见瀑布。

世界上许多著名的瀑布分布于北美和欧洲。譬如，瑞士和挪威就坐拥众多知名的瀑布。考虑到瑞士和挪威崎岖的山脉和雨雪，这点就毫不让人意外了。英国同样也有很多瀑布，虽然当地的山丘和山脉相对较为平缓，并且与当地瀑布的规模毫不相称的是，当地瀑布的名气却十分大。令人意外的是，地势较低，土地干旱的澳大利亚大陆也拥有为数不少的瀑布，并且这些瀑布经常入选世界最高瀑布排行榜。但是，最让人吃惊的是，喜马拉雅山脉和安第斯山脉（世界上海拔最高、面积最广的两座山脉）却鲜有出名的瀑布。除位于哥伦比亚安第斯山脉的特肯达马瀑布和发现于秘鲁的戈克塔瀑布外，世界最高大的山脉构成的体系中目前没有一座瀑布能闻名天下。特肯达马瀑布距离哥伦比亚首都波哥大仅30千米，毫无疑问，这就是为何这座瀑布能出名。喜马拉雅瀑布中，最出名的也是那些容易从市中心到达的瀑布。比如，位于印度西隆的克里诺林瀑布和其周围的几座瀑布，虽然在世界范围内并不惹人注意，却曾是上层人士钟爱的野餐和远足地点。如今，它们又一次被宣传成旅游景点。

和喜马拉雅山以及安第斯山脉中大多数瀑布不为人知的情况相比，纽约州西部一块小地方竟然有1 000多座瀑布被记录在册。数量如此之多很大程度上是因为该地区靠近世界上人口最密集的地区之一，且该区域中许多人有空闲也有足够的金钱进行休闲旅行。除此之外，还有一方面的原因是斯科特·恩斯明格曾对该地区的瀑布进行了详细调查。我们还需注意的一点是，恩斯明格将瀑布定义为至少从152厘米高处跌落的溪流。因此记录在册的瀑布中包括了该地区中很多几乎无人注意的瀑布。所有这些都表明世界上现有的瀑布清单和记录不仅反映了瀑布出现的地方，也反映出了人们观察并记录瀑布的位置。瀑布多被发现于人口密集的地区或因旅游开发而为人们所知的地点。随着世界上越来越多的偏远地区变得更容易让游客踏足，并且为了发展旅游业而被开发，越来越多的瀑布也会被发现，并逐渐被推广为旅游景点。安第斯山脉和喜马拉雅山脉等偏远、从前人迹罕至的山区也是如此。只要不断探索这些荒山，就能发现以前不为外界所知的瀑布。

1998 年下半年，地理学会的一个探索小队最终到达了中国西藏雅鲁藏布江他们称为"隐藏瀑布"的地方。这座 35 米高的瀑布以前只有当地的猎人和僧侣才知道。之后，探险小队报告了这座瀑布的情况，但人们却持怀疑态度。长期以来以高耸的雪峰和巨大的冰川而闻名的世界最高山脉，如今也逐渐被攀山者和其他游客了解其地貌细节。游客们开始逐渐了解该地区的众多事物，尤其是壮观的瀑布。旅游宣传者们也为当地的宣传贡献出了自己的力量。

2006 年，世界各地媒体宣布在秘鲁发现了"世界第五高瀑布"——戈克塔瀑布。戈克塔瀑布高 771 米，位于亚马孙州的安第斯山脉中，距离利马市东北方向 700 千米。这座瀑布的首次面外时间是 2002 年，当时一群探索者发现了这座瀑布并报告给秘鲁政府，在此之前，只有当地人才知道戈克塔瀑布的存在。瀑布的曝光促进了当地的旅游业开发。

在当今还有另一个迹象。由于全球变暖的影响，极地地区的瀑布数量正在增加。之前本该是静止状态的地方，冰块融化成了水流。融化成的水流淌入巨大的冰缝里，从冰架悬崖或冰川融化后露出的岩石上跌落，最后在南极洲和格陵兰岛上形成瀑布，这种情况直到近年来才逐渐出现。气候的变化预计也会影响世界其他地方瀑布的分布和状态（流量的变化）。一些地区的干旱和其他地区风暴频率的增加也是影响瀑布的重要因素之一。

瀑布是怎样形成的

大多数瀑布的形成原因是流水的侵蚀作用，而流水的原始形态有两种：一种是液态形式如河流、溪流或破碎的海浪；另一种是固态形式如冰川冰。水流流经不同的岩床，产生侵蚀作用，岩床中抗蚀性低、硬度较弱的岩石要比抗蚀性高、硬度较强的岩石腐蚀得更快，河流纵剖面因而逐渐变得凹凸不平，流水在此下跌后，便逐渐发展成急流或河落。地壳的垂直运动和断层活动也是瀑布发育的重要因素，海平面的下降也是重要因素之一。在部分海岸上，海水的侵蚀作用可以促使瀑布的形成，水流从海浪侵蚀作用形成的悬崖上翻滚而下，于是便形成了瀑布。而在经历过冰川作用的地区，冰块移动时的凿挖作用是许多瀑布的形成原因。多数瀑布是某种侵蚀的结果，但也有一些是因为堆积过程而形成的。例如，山崩、熔岩流或冰川冰碛土阻挡水流后，这些天然大坝后面的水位上升，水流溢出，便形成瀑布。通常，障碍物会导致水流改道，有时还会将流淌的水流送到别处的悬崖上。在某些石灰岩地区，流水中析出的钙化物质逐渐沉淀，在河床中形成由石灰石或石灰岩组成的天然屏障，瀑布便借此而生。同样的，许多人工瀑布也是通过在河流和小溪之间建造障碍物而形成的。例如，为了供水、灌溉和发电等目的在水道上建立的溢水堤坝。

托马斯·莫兰，《黄石大峡谷》，1891 年，油画。画中描绘了一个崎岖壮阔的峡谷，仍在被一条河流侵蚀

天然瀑布一旦形成，还会继续受到其形成的作用力和过程的影响。通过这种方式，它们的形状和位置会随着时间的推移而变化。极少数情况下，这种变化会发生得比较快，人类的一生中可以注意到这种变化。但是，大多数情况下，这种变化极其缓慢，让人难以察觉，虽然在地质时间尺度上算快的。

瀑布通常是由河流和溪流的流水侵蚀作用形成的。在流水侵蚀过程中，一些岩石和石头可能会随着强大的水流，尤其是洪水的流动而沿着河床移动。水流的液压力在岩石和石头的撞击和磨蚀作用下会有所增强。同时，侵蚀河床、切入岩石并开凿山谷的作用力也会随着抬高陆地表面的垂直地壳运动或海平面的下降运动而大大提高。为了理解这种变化对流水侵蚀过程的影响，我们必须认识到，随着流水侵蚀河床，河流的纵向轮廓会逐渐趋于平滑：河源附近的纵面曲线相对陡峭，朝着河口方向的曲线逐渐趋于平缓。在河流剖面轮廓未完成分级之前，河床中可能会出现凹凸不平的现象，反映出了基岩的不同性质，或者该地区地壳运动的历史，或两者皆有所反映。流水侵蚀作用形成的瀑布大体上体现了陆地表面近期的快速抬升或海平面的下降。这些动作中任何一种都可以将近岸海域抬升高于水平面。通常，近岸斜坡会陡于下游入海口处的坡度。因此，在新出现的近岸河口附近，河流的流速会增加，侵蚀力会增强。河床的纵向轮廓也会相应产生变化。在这一过程下，河床的纵向轮廓会突然变陡。我们也将该处称为拐点。拐点处，河流通常表现为急流或瀑布，河流中的此类表现可能反映了一系列的垂直地壳运动或海平面的持续下降运动。

虽然拐点的形成可以在同质岩石地区形成急流或瀑布，但是瀑布还是最可能在河流流经具有不同抗腐蚀能力的岩石处形成。例如，侵蚀硬岩层的速度要慢于侵蚀软岩层和因地质作用而碎裂的岩层。那么，如果不同抗腐蚀能力的岩层并置于河道中，对岩层不同的侵蚀程度就会导致河床出现凹凸不平的现象，急流和瀑布的发展经常由此产生。

岩层的排列及其物理和化学性质尤其影响瀑布的发展结果。当岩层大概在水平面上下时，最容易形成冠岩瀑布，河流在垂直侵蚀河床时，会切入下面的叠加地层，相比抗腐蚀能力更强的岩层，河流会更快地磨损抗腐蚀能力更低的岩层。这个过程会使硬岩层覆盖在抗腐蚀能力更低的岩石上方，从而形成冠岩瀑布。随着瀑布脚下的岩石迅速被侵蚀，崖面会逐渐消退。瀑布顶部更坚硬的岩层被瓦解后，在崖面上形成了一个悬垂物，随着时间的推移，悬挂物最终在重力的作用下坍塌。岩石纵面不断地侵蚀和坍塌会导致瀑布后退，向上游迁移，并在其下方形成峡谷。坍塌的冠岩块会在瀑布脚下堆积，只有经过长时间的风化和侵蚀将其摧毁成较小的碎片之后，水流才能将其带走。然而，如果瀑布的流量够大，高度够高，落水的力度和瀑布下方的旋流不仅足以清除大瀑

尼亚加拉大瀑布的冬季景象，照片左上角为抗蚀冠岩，水雾中隐约可见从断崖上掉下来的岩石

布脚下积聚的岩石碎片，还能侵蚀河床内部的深空洞。这就是跌水潭的形成。

许多关于瀑布的记述描述了流水侵蚀过程，却忽略了风化作用。风化作用在瀑布形成和向上游迁移的过程中扮演着重要角色。不同于流水（河流、海浪）、冰（冰川）或空气（风）的侵蚀，风化是指岩石因为物理作用（如冻裂作用）而分解。

虽然很多瀑布发育于水平面或微微倾斜的地层上方，但也有一些瀑布形成于因地壳运动而倾斜或扭曲的岩层之上，地壳运动会迫使原本水平沉积的岩石变为垂直位置。此外，在火山活动期间，地球深处的熔融物质会侵入上面的岩石中。这些火成的侵入物经常会凝固形成"堤坝"，即长而垂直的岩石层，并在侵蚀作用下暴露于地面。当水流流过垂直的岩层时，特别坚固的岩石可以作为抵御侵蚀的屏障，而下游较软的岩石更容易被磨损。所谓的"垂直障碍瀑布流"就是这样形成的。

不同性质的岩石并存于一处通常是因为沿地质断层的地壳运动。当这些岩石抗风化和侵蚀的能力明显不同时，如果有水流流经断层线，就很有可能形成瀑布。不过我们必须认识到此类瀑布的形成原因通常是断层作用将不同性质的岩石聚到一起，而不是地壳运动引起的地表变形。有时瀑布会以这种方式产生，但是根据当地的地质情况，流水的快速侵蚀可能会导致形成的瀑布迅速消失。

关于瀑布后退，大多数教科书强调水流下切冠岩对瀑布形成和后退的重要影响。但是很多瀑布的主动后退却并不是这一原因，而是瀑布基底的扶壁外延。相关解释涉及垂直岩面中的应力问题，以及其内部可能引起倒塌的压力和张力。相比基底有扶壁的悬崖，悬垂的悬崖天生就不太稳定。同时，岩石的物理和化学性质以及地质的构造，包括地层的倾斜角度和接合角度，也同样影响着瀑布的后退。另一方面，水对岩石的作用方式多种多样，不仅有流水的侵蚀力，还有地层中地下水的影响，这些不同的作用方式也能影响瀑布的后退。

从赞比亚一侧看，维多利亚瀑布翻滚着跌入一个峡谷，该峡谷是由河流沿着巴托卡高原的玄武岩裂缝侵蚀形成

目前，讨论的焦点始终集中于水流作用形成的瀑布。但是，在很多情况下，瀑布的形成原因是其他撞击溪流的地质作用，例如，海洋侵蚀、冰川作用和火山活动。通常情况下，一条支流上的瀑布是另外一条更宽阔的干流作用的结果。

干流的侵蚀能力强，可以快速切入岩层，支流的侵蚀速度却无法与干流相匹敌。这就导致支流与干流的衔接会逐渐变得不相协调，干流的水平位置会逐渐低于河口。因此支流会从一个更陡峭的坡度与干流汇合，很多瀑布就是通过这种方式形成的。这一现象的原理在于支流的水量更小，且支流中含有的研磨性沉积物相对较少。

石溪瀑布，位于昆士兰巴伦河的一条支流上，瀑布跌入的峡谷是由更强大的主流侵蚀而成。这座瀑布是库兰达观光列车的一个站点

　　支流与干流不协调作用下形成的支流山谷在某些方面与冰川侵蚀作用在山区形成的悬垂山谷类似。活跃的冰原和冰川，尤其是有岩石碎片嵌入的冰原和冰川，有能力凿出、拔出、冲刷出最坚硬的岩石，但是，冰层移动时接触到的岩石类型有所不同，不同类型岩石的抗蚀能力存在差异，冰川的侵蚀能力始终受此影响。因此，当冰层随着气候变化而消失时，新暴露的冰川地形表面很可能会凹凸不平，且地形表面的水系类型会被扰乱，具体表现为在急流和瀑布上翻滚的众多湖泊，各个湖泊间由河流相连接。这种景观多见于加拿大、瑞典和芬兰大部分地区，是这些地区的典型景观，这些地区上一次的冰河时代在不到1万年前结束。在山区，冰川占据了最初由河流侵蚀形成的山谷，冰层移动的作用改变了谷底，不同程度的侵蚀使其变得不规则，有时会形成阶梯状的纵向剖面。冰川谷中许多瀑布的起源就在于此。冰川侵蚀作用下山谷的凿深和拓宽也改变了山谷的横向剖

托马斯·希尔，《约塞米蒂山谷的新娘面纱瀑布》，约20世纪80年代油画。画中瀑布从悬垂的山谷跌入冰川凿出的谷底

新西兰的米尔福德峡湾是一个冰川侵蚀而成的沿海山谷，目前已被海水淹没。壮观的瀑布从两侧倾泻而下

面，山谷从原先典型的"V"形变成了"U"形槽谷，冰川高地与这一转变通常有所联系。较小的冰河侵蚀力弱，从支流流经的山谷汇入主冰河，这一过程通常会造成小冰河与主冰河连接的不协调。其后果也会形成悬挂的山谷，这近似于河流下切作用的结果。山谷形成后，瀑布也随之形成。

在一些冰川覆盖的岩石海岸，如果入海口有阻碍潮汐涨落的岩石屏障，就会发生海洋瀑布或急流。这种岩石屏障的脊背几乎都浸在水中，横跨在入海口处，海洋瀑布或急流的形成多半是依赖岩石脊。海水低潮时，水流在流向大海时，会从岩石屏障上倾泻而下；海水涨潮

北约克郡兰斯威克湾的海岸瀑布。涨潮时，前滨被海水覆盖，海水继续侵蚀悬崖

斯凯岛上米尔特湖流出的溪流从海浪侵蚀作用下形成的海崖上垂直跌落

时，海平面会上升，海水倒灌，翻过同一岩石屏障，但方向相反。苏格兰的劳拉瀑布就是一个著名的例子。但加拿大的逆流瀑布要稍胜一筹，原因在于加拿大的海水涨潮时，海平面会上升得非常高，但入海口处岩石间的通道却较窄。

　　然而并非所有沿岸瀑布形成的原因都是冰川。水流在到达海岸时，总是会不断地侵蚀岩层，以使其与海平面持平，或是在海平面上涨时，通过沉积物抬高岩层。

在很多布满岩石的海岸上，海洋侵蚀导致悬崖后退的速度要远远快于细水流垂直侵蚀岩层的速度。因此，鉴于细水流缓慢的下切速度，细水流不太可能会从一个平缓的坡度汇入海洋，而是在入海口处从海浪侵蚀作用形成的悬崖上俯冲而下。在海平面较低时，水流在汇入大海前，仍会流过岸前的最后几米，但当海水涨潮时，水流会直接与海浪汇合，海浪侵蚀悬崖使其后退的作用力还在继续。

目前在本章中讨论的瀑布都是侵蚀的产物。但是，也有一些瀑布的形成原因是河道阻塞。其中最常见的是人工瀑布。当水坝后面的蓄水池蓄满时，水流从坝上倾泻而下，于是便形成了瀑布。但是有时水流是被自然过程拦截。山体滑坡、熔岩流和冰川冰碛等形成的天然堤坝也是瀑布形成的原因。另一方面，因为形成障碍物的物质松散性，以这种方式形成的瀑布寿命通常很短，水流会通过其流经道路上阻塞物迅速侵蚀河道。多数情况下，借助此类障碍物形成的瀑布并不会出现在天然堤坝上，而是出现在因堵塞物而改道的水流流经的新河道上。

还有一种相对罕见的瀑布。这种瀑布的形成地点与其自身堆积障碍物的地点相重合。此现象一般发生在一些石灰岩地区。这些石灰岩地区的方解石矿床，根据具体成分的不同也称为石灰华或凝灰岩，使该地区的水流下跌。克罗地亚的普利特维采湖群国家公园（又称为"十六湖国家公园"）中的瀑布就属于这种，令人赞叹不已。公园中，科拉纳河上的石灰华屏障形成了一系列瀑布，有些甚至高达 80 米。十六湖地区地上和地下的风景都美不胜收，并且溶洞随处可见。

一些石灰岩的化学和物理特性常常产生非常独特的景观特征，统称为喀斯特地貌。在喀斯特地区，地下排水系统比比皆是，地下河上的瀑布也屡见不鲜。喀斯特地区的地下通道和洞穴彼此互相连接，这主要是因为雨水对碳酸钙（石灰岩的主要成分）的溶解。空气中的二氧化碳溶于水后，水呈弱酸性。呈弱酸性的水渗透到石灰岩中后，与碳酸钙发生反应。发生反应过后的碳酸钙会在溶解过程中随水消失。于是，石灰岩中便会出现空隙，大量的水流能从地下空间里流过。因此在地下景观的形成过程中，水流的侵蚀作用与化学溶解过程相辅相成。溶洞系统在石灰岩上的裂隙处发育得最好，这些裂隙又称为接缝。水流在接缝处更易流动，接缝在溶解作用下会变得更加宽阔，逐渐形成地下通道和洞穴。垂直的接缝有助于水流向下运动，促进竖井的形成，水流也能借助竖井形成瀑布。有时水流还可能通过石灰穴（地表的凹陷处）进入石灰岩溶洞系统，比如，位于北约克郡的加平吉尔瀑布，从一个大洞穴处下跌，该瀑布落差高达 100 多米。

在离开地下瀑布这个话题之前，我们还应谈一谈海底大瀑布。在几个大洋流域边缘，数股温度更低、密度更大的水流向深处坠落，这些水流就是海洋里的瀑布。

约克郡山谷中的加平吉尔瀑布：一条溪流注入地下，形成地下瀑布

格陵兰岛和冰岛之间的丹麦海峡里就有一处海底瀑布，高约 3.5 千米，比世界上公认的落差最大的瀑布——安赫尔瀑布——高出三倍多。这条海底瀑布的流速为每秒 500 万立方米，堪称世界上最大的海底瀑布。但并非所有的海底瀑布都是由温差引起的。直布罗陀海峡的海水就是因其与北大西洋海水含盐量的差异而流入北大西洋。

人工瀑布

马尔莫雷瀑布是欧洲最宏伟和最著名的瀑布之一，位于意大利特尔尼附近。马尔莫雷瀑布的形成原因是水流改道，不过这次是由人类来扮演地貌的代理人。马尔莫雷瀑布建于公元前 271 年，是古罗马土木工程项目的产物。建设该项目的目的是防洪和排水，并将缓慢流淌的韦利诺河河水分流至内拉河中。新河道要穿过悬崖，水流就在此处形成了壮观的瀑布。接下来的 2 000 年里，这个河流改道方案经过了几次重大修改。高达 165 米的马尔莫雷瀑布，曾经一度被誉为欧洲最令人惊叹的瀑布之一，但自从被用于水力发电后，它的流量就大大减少了。为了满足旅游业的需求，马尔莫雷瀑布会在旅游宣传时段内“开启”，此时河流的流量达到全盛状态，足以越过悬崖边缘。

有时，即使是“天然”瀑布也并非它们所看起来的样子。一方面的原因是天然瀑布水流的开启和关闭，另

一方面的原因在于瀑布的所有者和管理者对自然过程和自然景观的干预。例如，尼亚加拉瀑布就曾被人类行为改变过。与水电开发相关的工程以及因工程而导致的瀑布水流流量的减少是尼亚加拉瀑布改变的重要因素。1955年数个风洞的摧毁是尼亚加拉瀑布身上最明显的变化。这些风洞曾经广受欢迎，游客们可以在瀑布的水帘后行走。但是几名游客在此处身亡后，为了保障游客安全，风洞被摧毁了。

　　旅游业在人工瀑布创造过程中起着重要作用。人工瀑布常见于旅游胜地和主题公园中。中国深圳的一家主

欧洲令人叹为观止的瀑布之一，位于意大利特尔尼附近的马尔莫雷瀑布，是古罗马工程设计的产物

题公园以世界上一些最著名的旅游景点，如金字塔、泰姬陵、埃菲尔铁塔和尼亚加拉瀑布等为参照，设计了一些等比例的仿真模型，公园以这些模型为特色。在新加坡，大多数游客来到这里打算参观的特色景观绝不是瀑布，但是在新加坡裕廊飞禽公园的开放式热带雨林鸟舍中，裕廊人工瀑布在其中显得格外自然和谐。循环水流从 30 米高的悬崖上倾泻而下，周围环绕着茂盛的热带植被。

多年来，人类活动在塑造地球表面方面的作用总是被地貌学家忽视，但自 20 世纪 60 年代以来，人们开始逐渐关注起人造或人为地貌。其中包括开凿产生的特色地貌。开凿一般被归为侵蚀或沉积的一种形式。这种形式的沉积包括泥土或废弃物的倾倒和各种建筑工程活动。在建筑工程中，经常要用到推土设备等工具和机器。于

坎布里亚郡班尼沙德
采石场的人造瀑布

是，20 世纪 60 年代，术语"推土机制造"被幽默地创造
出来以形容许多当代景观的塑造过程。人工瀑布也可以
通过水道上的挖掘活动形成。在废弃的班尼沙德采石场
里有一个人工制造的瀑布，如今已成为英格兰北部湖泊
区的一个颇受欢迎的风景点。

世界各地的人工瀑布多在横贯河流和水流的堤坝和
堰上。这些堤坝和堰多用于储水和分流。以达到灌溉、
供应饮用水和发电等多种多样的目的。当堤坝后面储蓄
的水量超过堤坝的最大蓄水量时，水流便会从坝上溢出，
形成瀑布，创造让人惊叹的景观。

瀑布的消亡

任何地貌最终都会消失，从地质年代来看，瀑布的
消失时间最为短暂。无论是以何种形式形成的瀑布，本
质上都是自毁型地貌。在风化作用的辅助下，下切或后
切式流水侵蚀会逐渐消除河流纵向剖面上的凹凸不平处，
将河流的纵向剖面轮廓变成从河源延伸到河口的典型平
滑曲线。但是陆地的再次上升和海平面的下降可能会中
断这一过程。这种反复的变化可以重新恢复河流的能量
和侵蚀能力，因此，河流会不断恢复活力，在摧毁向上
游后退的旧瀑布的同时，创造新的瀑布。

许多现在已经消失的瀑布，在人类未能发现它们之
前，就已经存在了。而我们人类祖先见过的很多瀑布也

已经消失了，这些消失的瀑布有些留下了痕迹，有些没有，还有一些看起来几乎和它们活跃时的状态一样，只是缺少悬垂的水流。就这些瀑布而言，其中最为引人注目的是位于华盛顿州哥伦比亚高原的干瀑布。如今的干瀑布变成了一座宽高 120 米的马蹄形悬崖，位于古力城附近。几千年前，在最后一次冰河期即将结束时，这里存在一个巨型瀑布，流量是尼亚加拉瀑布的 40 倍左右。这一现象的成因在于在 10 000 到 13 000 年以前，蒙大拿州西部一个巨大冰湖上的天然冰坝发生了坍塌。冰坝反复坍塌后，释放出大量的水流，侵蚀了哥伦比亚高原上的河道，于是便形成了许多瀑布，包括现如今的干瀑布。干瀑布断流数千年后，跌水潭一直存在至今，印证着当时水流翻过悬崖的侵蚀力。

海洋瀑布的规模要远远大于我们今天所见到的瀑布。这些海洋瀑布可能在遥远的过去就已存在。和如今的瀑布相比，这些瀑布不仅在规模上迥异，而且造成它们的灾难具有不可逆性。有证据表明，550 万年前，大西洋上升的水域冲破了原本连接非洲和欧洲的山脊，也就是现在的直布罗陀海峡所在地。现如今的地中海盆地在当时还是一片沙漠，早些时候那里的海已经干涸，只留下几个半咸水湖。随着冰河时代的结束，融化的冰层使得海平面上升，北大西洋冲破了将其与地中海盆地分隔开的屏障，形成了难以想象的巨大瀑布。这个瀑布花了一个世纪才逐渐注满了地中海盆地。

华盛顿州的干瀑布

近期的一项研究重点说明了类似过程的历史意义。该研究表明20万至45万年前，冰盖融化成的湖水占据了北海现址，水流从原本连接着现在的英国和欧洲其他地区的山脊上流过。倾泻的洪水流量是泰晤士河的10万倍，洪水在山壁上割裂出了一个巨大的缺口，也就是我们今天所知的多佛海峡。对英吉利海峡海床的调查发现了一些淹没的地理特征，证明高达30米的大瀑布下切的水流渗进了岩石中，推动了侵蚀的过程，最终使英国成为一座岛屿。

在千百万年动荡不安的地球地质历史中，无疑有许多此类灾难性事件发生。地壳不同部分的不断升降和海平面的不断变化不时可能会产生类似于直布罗陀海峡瀑布和英吉利海峡的发生条件。同时，地面上和地表下不断发生的地貌过程在数千年或数万年的时间内既形成又摧毁着瀑布。

瀑布的形态在其一生中可能会发生很大的变化。瀑布所呈现出的视觉形象取决于多个因素，例如，当地的地质、过去和现在塑造瀑布的过程以及瀑布的发展阶段。根据瀑布形态的不同，瀑布可分为不同的类别。虽然作者并不完全认同下列术语和定义，但以下内容仍可借鉴一二：

矩状瀑布相对较宽，其宽度要大于高度；

垂帘状瀑布也是一种相对较宽的瀑布，但是其高度要大于宽度；

扇状瀑布始终与岩床保持接触，水流在下跌过程中会逐渐变宽；

碗状瀑布是一种狭窄的瀑布，水流直接落入岩石池中；

马尾状瀑布与岩床保持部分接触，水流下跌时没有呈扇形散开，而是垂直跌落，因此和马尾十分相似；

悬空状（骤降状）瀑布是一种垂直状瀑布，与岩床无接触；

分流状瀑布在下跌时会分成数股；

多层状瀑布在下跌时会分成几个不同的阶层；

多层多级状瀑布由一系列瀑布组成，每一层瀑布都有自己的跌水潭。

瀑布与自然环境

虽然河流和溪流只占地表面积的一小部分，瀑布在地球表面上的分布也呈现出高度局域化的特征，但是这些淡水水体的生态作用却很重要。无论是大河还是小溪附近的生物都十分依赖河道，但河道至关重要的作用远远超出其所在的附近范围，需要水才能生存的各种生物都会造访河道。有些生物甚至不惜长途跋涉来获取水源解渴。在淡水水体中及其周围，独特的生态系统蓬勃发展着，各种动植物早已适应了跌水、急流、强流和湍流造成的挑战性环境。另外。瀑布的阻碍作用还会深刻影响水生生物在河道中的上下活动。

大型瀑布是阻碍某些物种定植的障碍。有证据表明，瀑布可以隔离河流的上游，这可能会导致鱼类演变出不同的种类甚至独特的鱼种。鱼类在迁徙过程中通常会受到瀑布的阻碍，但是，正如广为人知的鲑鱼洄游产卵例子所证明的那样，有些鱼类能够克服低矮的瀑布和急流，特别是在下跌的水流被分成了独立的小瀑布，形成天然阶梯的情况下。虽然鱼不能逆着瀑布流游，但许多鱼能够腾跃。大西洋鲑鱼可以腾空跳跃三米以上的距离，为了跳得更高，鲑鱼通常在瀑布底部附近形成的驻波波峰

圭亚那旅游局的海报宣传了壮观的凯厄图尔瀑布，以及瀑布附近丰富的动植物

上起跳。驻波波峰上有一个向上的弧面，有助于鱼的跃迁。为了促进鱼的溯游运动，许多河流上建了"鱼梯"，即绕过瀑布的人工阶梯状河道，而在某些地方，人们为此甚至故意对瀑布本身进行改造。

当水流缓慢下跌时，特别是当瀑布的落差小到足以让鱼群逆流而上时，鱼群可以毫无阻碍地越过瀑布和急

流。水流的缓冲作用足以让它们避免受伤。但是，瀑布也有可能会对某些水生生物造成伤害。研究人员发现，许多聚居型浮游生物和微小的水生动植物会被瀑布和急流消灭了。但另一些研究人员也发现，有些物种则可以在急流甚至是大瀑布缓慢下跌的水流中存活下来。

不幸的是，对于迁徙的鲑鱼来说，瀑布中常常还有其他危险——人类等捕食动物。因为迁徙时的鲑鱼非常脆弱，相对容易被成群捕获。北美黑熊和棕熊也会在产卵季节来瀑布捕食鲑鱼。近年来，这些大型动物在翻滚的河流中捕鱼的情景吸引了众多游客来参观。

游泳和跳跃并不是鱼类越过瀑布和急流屏障仅有的方法。具有吸盘或摩擦片的鱼可以在河道中跌水旁边或下方潮湿的垂直岩面上攀爬。一些属于大型虾虎鱼（虾虎鱼科）的鱼类可以以这种方式爬上瀑布。其他可以克服瀑布障碍的鱼类还包括幼鳗，它们可以利用溪边潮湿的地方绕过瀑布。

虽然瀑布总是阻碍一些物种的活动，并在河流中形成障碍，将易于生命生存的河段隔开来，但是一些物种在这种环境下也能很好地适应瀑布栖息地。在瀑布和急流中，有一些植物和动物体能够生存甚至茁壮成长。滚滚而来的水流，经过无数次瀑布下跌带来的充足氧气，只要再加上帮助植物进行光合作用的阳光，就能创造一个理想的环境让植物，尤其是藻类植物和附生植物进行初级生产。一些细丝状植物在水中扮演着重要的角色，这些植物将河流中的其他植物、岩石和枯枝紧密地连在一起，形成了一条由海藻或苔藓组成的稠密而黏稠的毡，这就是河流中最重要的初级生产者。而高水平的生产主要取决于湍急的水流。快速流动的水流可以阻止植物周围形成一层消耗营养素和二氧化碳的水膜，从而减少初级生产。在海藻和附生植物中，生活着非常丰富的小型动物群，例如水栖动物、昆虫幼虫、线虫等。这些生物群落在翻滚的洪流和瀑布飞溅区中紧紧地抓住坚固的物体，同时植物和微型动物得以繁衍生息，为河流中栖息的动物提供食物。

但是，很多微型动物根本无法在瀑布和湍急的水流中生存，除非那些物种是为了去往更有利的生存环境而短暂地穿过瀑布和急流。事实上也确实如此，通常在倾泻的河流和瀑布中及其周围发现的野生动物都需要在巨石后面或下面寻求庇护，或是把瀑布主流外平静的漩涡和水池处当作避难所。

除了这些应对行为，有些动植物的形态和生理特征还表现出对环境的适应性。人们早已提到鱼类的一些解剖结构特点可以让它们利用摩擦片和吸盘来攀登瀑布，但是动植物在汹涌而湍急的跌水中保持定力并避免被冲走的方式却不止这一种，而是花样百出。一些无法生长根系系统的水生植物，例如川苔草科植物，可以利用化学黏合剂附在岩石表面上。同时，这些水生植物还适应了水位的剧烈变化，即使是枯水期时自身极度缺水，它们也适应良好。通过这些方式，这些水生植物成功地在瀑布和急流中定居下来。另外，此类水生植物主要发现于热带地区，是热带地区植物中为数不多的开花植物。

生活在急流栖息地的生物，如长泥甲科（成虫和幼虫）、黑蝇以及一些蜉蝣和石蛾的幼虫，身体通常呈扁平状，这似乎是为了适应环境中的水动力而产生的变化。其中，河流中身体最为扁平的动物是水甲虫。水甲虫似乎是借助吸力附着在基石上，并且许多生活在瀑布和急流中及其周围的动物都有各种式样的吸管，使它们能够在湍急的水流中站住脚跟。另外还有一些昆虫用爪子或钩子将自己附着在河道的适当位置上，它们喷出的丝线可被许多昆虫幼虫和蛹用作附着物和救生索。

澳大利亚有一种动物与瀑布息息相关——瀑布蛙（湍雨滨蛙），瀑布蛙原产于北昆士兰热带地区。这种两栖动物在其生命周期的不同阶段会表现出一系列的适应性特征。像其他经常出现在瀑布的动物一样，瀑布蛙利用急流作为庇护所，在碰到危险时进入急流中，躲在裂缝里或水中的岩石下。瀑布蛙在形态和生理上也适应了这种严酷的环境。雄蛙的拇趾和胸部有小刺，以避免交配时被水的力量冲走，而当雄蛙还是蝌蚪时，有吸嘴可以帮助它们附着在光滑的石头上。雌蛙会在石头下的一团黏性物质上产卵，这团黏性物质有助于将卵固定在原地。雄蛙的求偶叫声也表现出了对环境的适应。在求偶时，雄蛙发出的是一种咕呱声，而不是一种更为复杂的

一只栖息在瀑布旁
的青蛙

叫声，太过复杂的声音会被瀑布声掩盖。南美洲有一种
生活在瀑布后面的青蛙因为环境太过嘈杂而完全不发声。
雄蛙会利用鲜蓝色的足部发出视觉信号向雌蛙传达自己
想要交配的欲望，而不是徒然尝试与瀑布发出的巨大声
音一较高下。

　　生活在瀑布栖息地的不同物种中还有各种各样的鸟
类。这种鸟广泛地分布在全球各地，与鸭子在全球各地
广为分布的数目相近。河鸟经常在瀑布的水帘后筑巢，
与瀑布的联系尤为紧密。为了适应环境，河鸟的形态和
生理特征发生了变化，包括密集而防水的羽毛以及强壮

的喙、腿和爪子。河鸟的翅膀经过进化后可以像鳍状肢一样行动，让它们可以在水下潜行，沿着河床游走，同时觅食蜉蝣和石蛾幼虫等水生生物，以及一些甲壳类动物、软体动物和鱼类。安第斯山脉中有两种河鸟，与它们表亲的习性大不相同，这两种安第斯河鸟既不会潜水也不会游泳，而是从瀑布的岩石中捕捉猎物，或是涉入浅滩，把头浸入水面以下捕食。

通常有瀑布产生的悬崖和经常在瀑布后发现的洞穴是许多生物的家园，虽然这些生物和跌落的水流可能毫无关系。各种各样的昆虫、鸟类和一些哺乳动物，如蝙蝠和猴子经常将岩石壁架和洞穴作为庇护所。其中雨燕和瀑布的联系尤为紧密。悬崖壁架和洞穴壁为雨燕这样驰骋天际的鸟类提供了理想的生存环境。

同时，虽然瀑布附近的许多动植物与这些地貌并没有直接关系，但一些生物仍然受益于翻滚的水流在小范

瑞典瀑布中的一只
河鸟

马达加斯加的小瀑
布，环境常年潮湿，
非常适合植物生长

围内产生的气候和水雾。早已有人提到过在瀑布的飞溅
区内，动植物的生命力会异常旺盛，但是当水流下跌的
力量足够大时，水会被分解成非常小的水滴并产生雾化
效果。由此产生的水雾通常由不断下降的水团产生的气
流带到高处，或随风飘浮或被风刮走，具体取决于天气
状况。在很多瀑布处，细水雾悬浮在空中，缓慢下降，
但在特大瀑布处，水雾可能会像大雨一样落回地面，猛
烈地砸在岩石和植物上。

在这种潮湿的环境中，许多植物生长得非常茂盛。蕨类植物、苔藓和其他绿色植物为许多瀑布及其周围的环境增添了许多风光。而在有大量水雾的大型瀑布附近的植被会明显不同该地区其他地方的普通植被。维多利亚瀑布就是一个典型的例子，那里的水雾在空中上升的高度可达 300 米，并在邻近地区像连绵不断的小雨一样落下。

虽然瀑布中及其周围的生命所谱写的大自然戏剧非常有趣，但是本书的主题始终是人类与翻滚的水流以及层层叠叠的瀑布之间的关系。虽然人类因为热爱瀑布而对这些地貌进行了一些科学研究，但这只是一方面，对大多数瀑布爱好者来说，更大的乐趣还是源于审美体验。

第三章　瀑布的魅力

> 无数的瀑布，或是从陡峭的悬崖边上滚落下来，或是从河床上的巨石顶上冲过，这是一场视觉和听觉上的盛宴。

> ——托马斯·阿特伍德，《多米尼加岛的历史》

瀑布视觉和声音的吸引力

一次电视采访中，简·古道尔描述了黑猩猩在一座非洲瀑布边的行为："瀑布是非常有灵性的地方，有时候你会看见黑猩猩到了那里，它们的头发会竖立起来，然后它们就开始这样——就像跳舞一样……在我看来，这一定是因为黑猩猩与我们人类一样对大自然中的奇迹同样感到惊奇和敬畏。"也许人类感受到的瀑布吸引力，其他灵长类动物也能感受到。这一特性可能是因为几百万年前我们与它们有着某种渊源。有些人，包括我自己在内，在儿时就有了这种感受。1838 年 8 月，查尔斯·达尔文回忆起他 10 岁半时在威尔士的一次假期，他写道：

"我记得……一处瀑布以及某种程度的愉悦感，这种愉悦感一定和看见瀑布时的快乐有关，虽然不能直接这样认定。"

如果你在网上搜索一下，或是浏览一下度假手册、旅游指南和旅游文学作品，就会发现瀑布的受欢迎范围甚广。艺术画廊和讲述艺术史的插图、书籍也证实了这种喜好，无论是在过去还是现在的许多国家和文化中广泛存在。这种景观偏好的历史轨迹可以追溯到几百年前。多年来，许多作家试图解释为什么我们会认为瀑布独具魅力。他们的解释主要是从美学的角度出发，聚焦于视觉和听觉感受。但是瀑布作为自然景观中相对少见的地貌，如洞穴，它会让人们感到非常好奇，这是我们在日常生活中遇见的其他美丽事物所不具有的吸引力。比如，很多人认为一些普通的树很漂亮，但是我们每天在身边都能看见它们，所以我们很少会特别注意这些树。

关于瀑布之美的著作会涉及一个重要的主题——瀑布性质的模糊性。瀑布既是短暂的，又是永恒不变的。无论水流如何湍急而迅猛，而其所翻滚的岩石表面却一直保持不变。关于这一点，圭亚那作家威尔逊·哈里斯在他的小说《孔雀宫》中进行了完美地记述："在他们面前，他们平生所见的最高的瀑布从悬崖上源源不绝地滚滚而下，……完美无瑕的新娘面纱从高高的河沿上落下，好似静止一般。"

而丽塔·巴顿是这样认为的："瀑布的奔腾与纹理

共同创造了一种令人永不厌倦的美丽。这种美丽既短暂又永恒不变。随着时间的流逝和季节的变换，在周围各种不同元素的影响下，瀑布敏感地做出了反应，它的声音、氛围和面貌不断地发生着变化。"爱德华·拉什利则写道："瀑布的美并非一成不变……千变万化的声音诱惑着耳朵，奇幻的虹彩和变幻无穷的美丽牵引着目光。"另外，记者托德·莱万在描述他参观巴西卡拉科尔瀑布的经历时曾这样说道："悬崖之上，瀑布周而复始地冲撞、跌落、翻滚、伸展、分离、重组、下跌、爆炸、喷溅、蒸腾。这些运动绝不是以同一种方式进行着，过去不是，将来也不会是。"

我们喜欢瀑布是因为它让我们的感官感到愉悦，正如 18 世纪历史学家托马斯·阿特伍德所认识到的那样，我们的视觉和听觉是与欣赏瀑布联系最为密切的感官。视觉是我们人类感知周围世界最主要的感官。景观设计师约翰·莫特洛赫在描写人工小瀑布和瀑布时曾写道："奔腾的瀑布及其明亮而闪烁的表面和纹理与周围深色的岩石和树叶形成鲜明对比，人们的目光不由自主地被吸引了过去。"这一说法同样适用于自然形成的瀑布。瀑布的视觉和听觉效果会随其水量、流速、水流边缘的状况、落差的高度、跌落的方式和最终跌落时撞到的物体表面的性质而变化。

当水流流动时突然落空，水流的速度会影响水的惯性以及水流碎裂的方式。假若一股强大的水流来到一处陡峭的边缘，当它开始下跌时，可能会同时向前喷射，形成一条优美的弧线，然后再垂直落入跌水潭中或下面的岩石上。若当时水流经过的边缘比较光滑，瀑布便会呈片状；再者如果当时水流的流速较缓，瀑布便会附着在岩石表面上；若水流经过的边缘比较粗糙，瀑布便会变得湍急而且其中会充满更多的空气。所以，根据水流的体积和速度，以及水流下跌时经过边缘的粗糙度，瀑布的外观可能会形似一个透明的薄片，也可能会形似一条鼓包的毛毯。这两种不同的形态会让岩石表面的特征产生明显的差异，尤其是当岩面变得潮湿，吸收能力更强时，差异会更加明显。瀑布边缘的不规则性，会使得一部分岩石表面仍然保持干燥，同时，边缘突出的部分会导致水流飞溅，溅出的水滴会在光线下闪闪发光。当水流自由下落时，它的体积越大，下落地越深，撞击到下面的岩石时，产生的冲击力就会越大。水流跌落到坚硬的表面上，如岩石面，它会产生一种巨大而刺耳的撞击声，莫特洛赫以一个拟声词"啪嗒"恰当地形容了这种撞击声。若水流落入的是跌水潭中，撞击声可能会更柔和、深沉。

因此，瀑布声音的音量、音调、音高和回声取决于许多变量，其中包括水量、流速、落差的高度、被岩壁阻挡的程度、瀑布脚下是否存在岩石或跌水潭，以及瀑布周围的环境（瀑布被悬崖和植被包围的方式）。大规模的瀑布可以奏出一场完整的交响乐，整体效果很像震耳欲聋的雷声。根据瀑布的大小、形状和位置，我们可以从文学中借用一些词语来形容瀑布的声音，例如，"汹涌澎湃""哗啦"或"叮咚"。

瀑布的感触、味道、气味和颜色

视觉和听觉并不是我们感知瀑布的唯二感官。托德·莱万在描述他参观卡拉科尔瀑布时曾写道："感觉脸上冷飕飕的，我放慢了脚步……闭上了眼睛。雾气在我的眼皮上凝聚成水滴，顺着我的面颊流了下来。"作者不仅看见了瀑布，更感受到了瀑布。水流倾泻而下产生的气流让他的皮肤变冷，同时他脸上还感受到了空气气流从瀑布中裹挟而来的水滴。除此之外，在大型瀑布旁，我们甚至可能感受到大量的水流向下撞击时产生的振动。

笼罩在飘浮的水雾中，有时我们可能在嘴唇上尝到瀑布的味道。有些人声称瀑布有自己独特的味道。在潮湿的环境中，水雾将周围的岩石、土壤和植被变得非常湿润。这种环境十分有利于生长和腐烂等化学和生物过程的进行，并且气味在潮湿的环境中也会变得尤为强烈。维多利亚时代的旅行家阿瑟·诺韦在描述高力瀑布时，提到了瀑布的颜色和声音，但是他同时也提到了瀑布的味道，"步行时，一阵风突然吹来，夹杂着些许水雾……瀑布的气味十分清新，难以形容，混合着湿木的味道和北方傍晚刺骨的冷空气"。据奎斯特国际公司称，"在瀑

从津巴布韦一侧看。彩虹为壮观的维多利亚瀑布增添了别样的魅力

布周围，你会闻到一股特别的味道，这种气味闻起来好像是植被和矿物质混合体的气味，矿物质源于岩石在水流的作用力下破碎的部分"。这家公司一直致力于探索自然环境，寻找可以商业化开发的气味。奎斯特公司的一位天然产物化学家，在调查马达加斯加的瀑布后表示："我们已经能够识别出一些有气味的原料。我们发现了许多熟悉的材料，这些材料主要是来自上游树木和植物的木屑，这部分材料的水溶性更强，还有瀑布周围生长的树脂、树叶、树皮和苔藓。"

　　瀑布上游和瀑布周边的事物也会影响瀑布在视觉上的颜色效果。世界各地的瀑布常常被染成棕色或黄色，特别是河水暴涨时，水流中携带的泥沙和淤泥还会把瀑布染成红色。满是污泥的瀑布可能不会吸引一部分人群，这部分人相比起浑浊的急流，更偏爱如水晶般晶莹剔透的瀑布。英国的很多瀑布色如琥珀，水流从上游的泥炭土中流过，瀑布便会染上这种颜色。而由山地冰川融化的水流供养的瀑布，则可能会呈现出乳白色。这是由冰川移动的研磨作用形成的"石粉"造成的，石粉在形成后，会漂浮在冰川流上。尼亚加拉大瀑布的水流呈现出显眼的绿色，反映了该地区的地质情况。溶解的矿物质和岩石的微粒是使瀑布水流呈现这种独特颜色的主要成分。另外，有些瀑布的水流十分清澈，但是瀑布仍会呈现出鲜艳的颜色，例如，河流悬浮沉积物在湖泊上堆积而使湖水溢出形成的瀑布。新西兰的怀卡托河从陶波湖流出后，流经一个狭窄的岩石裂缝，水流中的空气大量增加，河水喷射而出，形成胡卡瀑布。胡卡瀑布蜿蜒下流，水流呈现出浓郁的蓝色。瀑布附近的一个信息标志显示，该瀑布独特的颜色是因为水流异常清澈，反射出蓝色光线，才使瀑布呈现出浓郁的蓝色。

　　水流中的气泡增强了蓝色效果。瀑布是一个可以反射光线的平面，其颜色会随着光线条件和周围环境的变化而变化，例如植被的季节变化。千变万化就是瀑布的魅力所在。

变幻无穷的瀑布

在地貌发展异常迅速的地方，人类在短暂的一生中也许可以察觉到瀑布形态和位置的变化，然而就是这种短时间内的变化才使瀑布异常具有魅力。水流和周围植被的季节性变化早就被人们注意到，但是瀑布的景色也可以在几分钟甚至几秒钟内发生巨大的变化。当一缕灿烂的阳光突然被掠过的云层遮住时，翻滚的白水发出的耀眼光芒，这让我们的眼睛可以看到水中微妙的色彩，同时在水雾中翩翩起舞的明亮彩虹色也随着阳光被遮住而消失。夜晚，月光照耀着瀑布，在水雾中制造出一道

干旱条件下，纽约的阿克伦瀑布

月虹。黑暗的夜色中，我们最能清晰感受到的是瀑布的
轰鸣声，这时，我们的耳朵更能敏感地察觉到溪流翻滚
振动声的细微变化。

　　随着上游天气条件的突然变化，瀑布的水量迅速波
动，许多冒险进入或靠近河床的人也证实了这一点。一
场倾盆大雨落下，分水岭上快速流动的地表径流，可能
会让瀑布的水流暴涨，从一座不起眼的瀑布彻底变成一
座汹涌澎湃的大瀑布。水量的变化会以多种方式改变瀑
布的外观，最常见的情况是，瀑布口的宽度随渠道中水

量的变化而变化。在维多利亚瀑布群中，位于赞比亚一侧的东瀑布在旱季时基本断流，而在雨季时，恢复过来的赞比西河在跌入深渊时会产生大量的水雾，将瀑布巨大的水幕隐藏起来。瀑布流量减少时，原本在河水泛滥时一道下跌的瀑布可能会断断续续地从岩石表面泻下。而原本呈一片式或一柱式下跌的瀑布，则通常会分成两条或两条以上的瀑布下跌。而在河水上涨时，另一些瀑布的水流会溢到新河道上，分成两道或多道瀑布。印度的焦格瀑布（亦称格尔索帕瀑布）一般由四个独立滑道上的瀑布组成，每一条瀑布都有自己的名字——国王、

泛洪时的印度焦格瀑布，也被称为格尔索帕瀑布。流量减少后，瀑布被分成四股下跌

有风时，新西兰米尔福
德峡湾的瀑布

在一股西南飓风的作用下，英国的金德瀑布逆流而上

王妃、咆哮者和火箭，但在季风季节，这些瀑布合并成一条巨大的瀑布，掩藏在浓密的水雾中。另外，这里必须指出焦格瀑布另一个更长久的变化，和世界上其他地方的瀑布一样，由于上游为发电而建立了一个堤坝，如今焦格瀑布的流量已大幅减少。

水量的变化在改变瀑布宽度的同时，也会改变其高度。瀑布边缘深度的增加可能会增加瀑布的高度，但是这部分增加的高度很有可能被瀑布下面河流水位的上升所抵消。确实，这种状况可能会导致高度的暂时降低，甚至还有可能会以合并的方式，使瀑布完全消失。瀑布消失的情况最有可能在其跌入一个狭窄的裂缝时发生，水流在这个裂缝中无法像涌入时一样迅速涌出，此时，水位便会大幅上升，从而抵消瀑布。

不过，虽然水量的变化会对瀑布的形态产生惊人的影响，但是风对瀑布形态的影响却更为有趣。一阵微风就足以掀动许多瀑布前闪烁的水雾面纱，同时跌落的水柱也总是会随着风蜿蜒摇摆，跳起一阵舞蹈。更令人大吃一惊的是，有的瀑布甚至被狂风顶着向上飞去。有几座瀑布就是以这种方式而闻名。这几座瀑布从悬崖边缘跌下时，在适当的条件下，它们会逆流而上。若有一股强风直接吹向瀑布，此时就有可能发生这种情况。如果翻滚的水流侵蚀悬崖面，风力将集中在上下两股水流相遇的地方，从而形成一个天然的漏斗，就像英国的金德瀑布一样。当西南飓风席卷高原的边缘时，金德瀑布

加拿大结冰瀑布上的攀冰者

飘向天空。而在苏格兰马尔岛上大风从大西洋吹来时，
一些瀑布在下跌时受到风力阻碍，水雾在风的作用力下，
翻回了崖顶，并流经岩石间的狭缝，直到整个岬角看起
来像着火一样冒烟。在夏威夷的瓦胡岛上有一座被风吹
反的瀑布，被人们称为"颠倒瀑布"。

　　当温度降到冰点以下时，瀑布周围通常会形成冰柱，
而附近被水雾打湿的物体（如岩石和树枝），表面则可能
会覆上一层冰衣。严冬时，瀑布本身也可能会冻成静止

澳大利亚新南威尔士
州泛滥时的阿普斯利
瀑布

状态。小瀑布很容易变成固体冰，但要完全冻结一座大
瀑布则需要特殊的环境。在约克郡山谷里，一条 30 米高
的细长瀑布，名为哈德罗福斯瀑布，已经变成了一个中
空的冰柱，但是仍然可以看见水流流出。

　　尼亚加拉大瀑布冬季的冰雪奇观更为壮观，峭壁上
挂满了巨大的冰柱，附近的树木、草地、栏杆和灯柱等
物体表面都闪耀着冰光。此时，浮冰在加拿大和美国交
界处的尼亚加拉瀑布上空骤降，在下面结冰的河面堆积
成巨大的冰山。

第四章 美丽、崇高、如画

根据季节的变换和天气的变化，小瀑布、山洪、河流和小溪展现出各自的特色，并且在崇高和宁静两种状态之间切换……雨季时，经常会遇见这些崇高而美丽的事物。

——威廉·贝克福德，《牙买加岛历史》

美丽或崇高

1818 年，约翰·奥克斯利与同伴在澳大利亚的新英格兰地区探险时，在阿普斯利河上遇见了两座瀑布。用他日记里的话来说，他们"深深地被这种自然的崇高景色震撼了"，奥克斯利继续写道，他观察到了一个有趣的现象："如果河水满了，覆盖了整个河床，瀑布可能会更加壮观，却不再那么美丽。"从奥克斯利的评论中可以清楚地看出，他认为瀑布兼具崇高（"极其壮阔"）和美丽这两种美学特质，并指出，如果水流过大，景色的美丽程度会打折扣，其宏伟和庄严感却会增强。

虽然如今大多数游客可能并不关心美学原则和理论，但奥克斯利所在时代的许多人却十分熟悉"崇高"和"美丽"的概念，其中部分人毫无疑问对以此为主题的文学著作并不陌生。1757年，埃德蒙·伯克出版了一本书，名为《论崇高与美丽概念起源的哲学研究》。他在书中试图对这两种美学特质作出明确区分。在比较两者时，伯克写道：

> "鉴于崇高的对象体积巨大，而美丽的对象体积相对较小；美应该是光滑而优美的；壮观应该是粗犷而随意的；美不应该沿着直线延伸，当它偏离时，往往会产生巨大的偏差；美不应该是模糊的；壮观应该是阴暗且悲观的；美应该是明亮且纤弱的；壮观应该是坚固的，甚至是坚不可摧的。崇高和美在本质上是不同的概念，一种建立在痛苦上，另一种建立在快乐之上。"

伯克认为崇高是"一种令人愉快的恐怖，一种带有恐怖色彩的宁静，因为崇高属于自我保存的情感范畴，是最强烈的激情之一"。同时他还认识到"崇高和美丽的特质有时是统一的"，但他强调我们应该像区分黑白一样区分两者，不论两者是混合的还是融合的。在上面的引文中，用"壮观"一词代替"崇高"，值得注意，但正如我们所见，在景观美学中，大小毕竟是相对的。现在，让我们思考一下崇高和美丽适用于瀑布时，做何解释。

委内瑞拉的安赫尔瀑布是世界上落差最大的瀑布

瀑布本质上是河道上的突变，因此，瀑布的内在可以被认为是崇高的，崇高性的特征之一是突然性。美的特征之一是渐变性。但是，下跌和缓的瀑布因其规模小，或者一系列小瀑布因其下跌的层次感，通常会呈现美的性质。至于大型瀑布，尤其是尼亚加拉瀑布、维多利亚瀑布和伊瓜苏瀑布等大瀑布，其惊人的规模使观察者感受到了一种无法抗拒的崇高感，"美丽"这个词不足以形容它们。同样的道理也适用于落差非常高的瀑布，如安赫尔瀑布、约塞米蒂瀑布和索色兰瀑布，虽然瀑布边缘跌落的水量相对较小。不过，正如威廉·华兹华斯（1770—1850）所言，"崇高感更多地取决于物体之间的形式和关系，而不是实际的大小"。也就是说，如果像伯克所说的那样，美丽的物体相对较小，那么规模较小的瀑布比那些规模大的瀑布更有可能具有美的性质，而规模大的瀑布根据定义则更有可能具有崇高的性质。

然而，18 和 19 世纪的浪漫主义者却发现了一些山峰和瀑布等景观的崇高之处，而这些景观在世界范围内绝对算不上是体积大。例如，在英国，人们就曾以"崇高"一词来描述和刻画威尔士、苏格兰和湖区的低矮丘陵。造成这种情况的一个重要因素是心态，尤其是观察者基于过往类似情况下经验的参照系。因此，如果观察者之前没有见过更大的瀑布，那么很可能就会认为他见到的那个瀑布很大或很高。反之亦然。

一座瀑布，如果它的规模不能给观者留下深刻的印象，那么它可能会以其他美学特质吸引游客。在英国湖区的赖德尔湖附近，有一座瀑布，即便以该地区的一般标准来说也很小，但是18世纪的游客却对这座瀑布赞美不已，为此，托马斯·韦斯特在创作《湖区指南》（1778）时，引用了威廉·梅森对它的描述：

> "在这里，大自然把她以往造出的大规模事物浓缩得很小，故而，就像微型画家一样，大自然以一种考究的方式精心创作着这座瀑布的每个部分……中央细微的水流从裂缝中涌下，制造出了一种光影效果，美妙绝伦，让人难以形容。"

显然，正是这座瀑布微小的规模使之归为美丽而非崇高的范畴，其光影的质感更是大大增加了瀑布的魅力。

黑暗、阴暗和朦胧都是与崇高有关的术语，而光明和美丽相伴而生。瀑布通常出现在阴暗的峡谷中，并且经常会被树阴遮蔽，但是白色的水流可以有效地反射光线，丝丝缕缕的阳光照亮了瀑布，在周围阴影的对比下，瀑布变得更加明亮。流动的水面闪闪发光，水雾中还可能会出现彩虹，灿烂、闪烁的色彩融合在一起，完全符合伯克对美的描述。

环境的粗犷和狂野无序造就了许多瀑布的崇高品质，在这种环境下，下跌的水流被不规则的悬崖面割碎，当水流与下面倒塌的岩石相撞时，会产生一种震动感，水流会疯狂地在跌水潭里翻滚。相比之下，在许多瀑布的边缘，水流流过时的曲线非常平滑，这正是美丽的缩影。虽然崎岖的岩石和倒塌的巨石环绕四周，但岩石表面在水流的侵蚀下被打磨得十分光滑。闪闪发光的湿润岩石，为崇高的景色增添了美的特质。

同样，大瀑布的规模和崎岖阴暗的环境使之看起来无比高大，但我们总能在那儿发现美的元素。比如，水流跌落时精致的花边纹理、耀眼的反射光，以及水雾中优美而多彩的彩虹弧线。同时，我们还可以在瀑布周围的植被上发现一种纤弱的美丽。树木上悬垂的树叶，以及潮湿的环境中茁壮成长的蕨类植物和苔藓抵消了汹涌的水流周围巨大的黑色岩石和褶皱的悬崖带来的崇高感。

瀑布崇高而美丽的特质在18世纪和19世纪的描述中得到了明确的体现。爱德华·朗是牙买加的一位蔗糖种植园主，他和历史学家威廉·贝克福德一样都写过关于牙买加这个岛国的书籍。两人描述的风景最终在浪漫主义鉴赏家的眼睛下得以窥见。朗在他的著作《牙买加的历史》（1774）中，花费了很长的篇幅来描述奥乔里奥斯附近白河上的瀑布，然而这个瀑布现已遭到了破坏。开始时，他着重强调的是瀑布的崇高性，但在最后，他指出了瀑布具有其他与美丽相近的特质——柔软、宁静、平静和幸福——与前面几行描述的"令人敬畏的"愤怒、阴郁、狂暴和激烈形成鲜明对比。

艺术家眼中：如画的瀑布

　　艺术家朗在描述中提到了"绘画的力量"，并从一件艺术作品的角度来分析景色，即他在书中添加的插画中的景色。在艺术界，一幅描绘风景的画作通常被称为"landscape（风景画）"，这个英语单词源自荷兰语"landschap（景观）"。这个词原本是一个绘画术语，现在仍然在沿用。18 世纪早期时，人们认为自然风景十分适合作为绘画的主题，并在艺术和文学中以"如画的"一词来形容描写的自然风景。如画的景色为观者呈现了一幅构图优美的画面，在形式、色彩和光的效果上表现出恰到好处的多样性和和谐性。

　　后来，英国作家威廉·吉尔平、尤维达尔·普赖斯、理查德·佩恩·奈特等人的出版著作为"如画的"一词赋予了一种更具体的含义，更贴近于这个单词本身所指代的特质，而较少的依赖于艺术家们对自然的解释。"如画的"审美特征比较偏好粗糙的纹理、不规则性和意外性，所有这些都与崇高有关，但不太强调广阔和险峻。具备这种审美喜好的人，喜欢遍布岩石的破碎地形胜过光滑的陆面，喜欢天然林地和饱经风霜的树木胜过精心维护的草坪和小树林。石窟、废墟、古朴的桥梁、古色古香的农舍和磨坊也属于拥有这种审美喜好的人偏好的事物。因此，有时，风景中的人物，如农民、隐士或异

约瑟夫·巴塞洛缪·基德，《牙买加金斯敦附近的迎风瀑布》，20世纪30年代，彩色石版画，由克拉克雕刻

国情调的本地人等也会吸引这类人；而借助于瀑布景观，游泳者和渔夫也位列其中。

"如画的"另一个审美特征是部分隐藏。瀑布通常隐藏在狭窄的沟壑中，要先通过蜿蜒曲折而险峻的道路才

为了发电而牺牲的牙
买加马戈蒂瀑布，在
大雨过后偶尔会重拾
它昔日的美丽

能到达，有时瀑布也隐藏在树木茂密的地形中，在视觉
上，瀑布经常被岩石和植被遮蔽。另外，如果瀑布的体
积足够大，高度足够高，翻滚的水流扬起的水雾则可能
会形成一层朦胧的薄纱，进一步将瀑布掩盖，使瀑布的

景色变得更美丽、崇高或生动。

多萝西·华兹华斯和其兄威廉曾对瀑布的美学发表了自己的意见。威廉在《湖区指南》中指出，在他所作的观察中，"人们普遍认为，除了下雨以后，其他时候的瀑布几乎不值一看，而且，他们还认为，瀑布水流量越大，观看者就越有眼福。但是这种情况仅适用于带有崇高感的大瀑布，即使是一些完美无瑕的瀑布也无法做到这一点"。1802年，多萝西在日记中表达了类似的观点，她在日记中记录了一次游览约克郡艾斯加斯瀑布的经历："河里的水太多了，瀑布的美有所影响。水位正常时，乌尔河上一系列宽阔精美的瀑布群，如同天然阶梯一般。但是大雨过后，瀑布的水流会汇合成一团，咆哮着从斜坡上涌下，原先的阶梯状结构也就消失了。"然而，人们普遍认为，河水泛滥时是瀑布的最佳观赏期，正如旅游指南经常介绍的那样。

现代景观理论：感受唤醒与视野庇护

感官上的精神刺激会让我们感受到愉悦或不适，甚至是痛苦。而瀑布既会带来不悦的感受，也会让人感觉愉悦。南非的奥赫拉比斯瀑布就是一个例子。寇松勋爵（1859—1925）曾将这座偏远的瀑布描述为"世界上最丑陋的瀑布"，他作出这一判断时甚至没有亲自去过这个地方。

在心理学中，"唤醒"一词表示机体兴奋或警觉的心理生理状态。唤醒程度的波动反映在大脑的脑电波活动、肌肉的张力、瞳孔的直径以及机体内部循环和呼吸系统的变化中。著名心理学家丹尼尔·伯林认为，人们倾向于体验不同程度的唤醒，但这种体验程度的变化有一定的范围，以避免极端的高程度唤醒让人们感到超负荷，或低程度唤醒让人们感到无聊。这个想法可以应用于瀑布。翻滚或倾泻的瀑布像海浪撞击在崎岖的海岸上一样，比起平静的湖泊，更能刺激人们的感受。虽然瀑布总是不断地在运动，但在某种意义上，瀑布其实也是不变的。高程度唤醒取决于瀑布跌流的千变万化，水雾的上升旋转，光线的闪烁以及均匀震动的噪声；低程度唤醒取决于水流不断的流动和下跌以及流水不间断的声音（根据瀑布的规模和形态或天气状况，发出的呜咽声、飞溅声、咆哮声、雷鸣声）。瀑布的构成呈现一种静态，周围的岩石和植被塑造了一种空间感，水流的快速流动和缓慢的季节变化则传达了一种时间感。因此，瀑布吸引人的部分原因可能就在于这种不变与变化、静止与运动、空间与时间的平衡（伯林曾强调过）。正如我们所见，这一想法早在心理学家涉足之前就被自然景观爱好者直觉地提出来了。

阿普尔顿试图用他所谓的"栖息地理论"来解释景观偏好。"栖息地理论假设景观的审美愉悦来自观察者所处的环境。"虽然阿普尔顿对此很少提及，但可以将其思想应用于对瀑布的美学分析。显然，淡水对于生命至关重要，并且根据栖息地理论，淡水对人们具有特别强烈的吸引力。事实上，有大量的证据也表明，水体在景观偏好中占据着重要地位。因此，瀑布的景观吸引力至少部分归功于它们的水性现象。而且，与湖泊和平静的溪流不同，瀑布的存在不仅能让眼睛看到，还会让耳朵听到，这表明即使淡水不在视线范围内，也能让人感知它的存在。瀑布既是一种声音景观，也是一种视觉景观。

更具体地说，阿普尔顿提出了视野庇护理论，其核心是"危险"的概念。从悬崖上和崎岖的峡谷中跌下的瀑布，通常会被认为是危险的，因为这些地貌和地点对人类安全构成了威胁。阿普尔顿的视野庇护理论与我们人类倾向于规避周围环境中的危险，而不是从中获益的思想有关。该理论认为"具备一种能看见别人而不被人看见的能力，有助于人们去探索利于生物生存的自然条件，因而这种能力是快乐的源泉之一"。阿普尔顿的大部分论点与狩猎有关，他和许多其他学者一样，认为狩猎是人类思想和行为进化的一个重要因素。

危险赋予了庇护所象征性的意义，瀑布可以被认为是一种无生命的危险，可归类为阿普尔顿所分的五个危险类别中的三到四种危险。显然，瀑布属于阿普尔顿所说的"水上危险"，有溺水的危险；但同时瀑布也属于"移动危险"，与运动有关，尤其是坠落。瀑布也可与雪崩和山崩一同归类为"不稳定危险"。就其流量受天气条件控制而言，瀑布也属于"气象危险"类别，"气象危险"还包括雨、雪和冰。

在阿普尔顿提出的五种危险类别中，只有"火灾危险"与瀑布没有明显的直接联系。然而，即使是在这一点上也有待商榷，明亮的阳光下瀑布跌落的水流和上升的水雾，以及反射或折射光在岩石表面上的作用，都可以让人联想到火焰。1779年，歌德（1749—1832）在其著作中提到他在瑞士蒲公英瀑布观察到了这种现象。他注意到当他向上爬向瀑布时，在他面前，他看到了"不断变化的火焰"。玛丽·威尔士也在描述位于湖区的艾拉瀑布时写道，水雾中光的作用使水滴的烟雾"像火焰一样闪烁"。A. S. 拜厄特的小说《占有》中曾记叙的火焰效果有所不同，在惠特比附近的托马森福斯瀑布处，瀑布流经的一个小山洞内和岩石上"白光似火焰般奋力向上跳动"。

瀑布制造的旋涡状喷雾也和火灾产生的烟雾相似。1841年，查尔斯·狄更斯在写给他朋友约翰·福斯特的一封信中，描述了他在格伦科峡谷险峻侧面看到的奔腾而下的汹涌洪流，"水雾像大火的烟雾一样向四面八方喷发"。在夏洛克·福尔摩斯的创造者亚瑟·柯南·道尔的小说《最后一案》中，主人公福尔摩斯的死亡现场是一座名为莱辛巴赫的瀑布。而该瀑布上升的水雾，宛如"房屋失火时冒出的浓烟"。探险家大卫·利文斯通也记录道，维多利亚瀑布在当地被称为"莫西奥图尼亚"，意思是"轰轰作响的烟雾"。

阿普尔顿还发现了另一种类型的危险，一种不会对生存产生直接威胁的危险。他称之为障碍危险，包括河流、峡谷和悬崖，这些障碍危险都和瀑布有关。河流、峡谷和悬崖是移动道路上的障碍，会阻碍人们逃离危险。

加利福尼亚的约塞米蒂瀑布，摘自约翰·吉布森的《瀑布与间歇泉》(1887)。树木掩映下该瀑布的视野景观例证了阿普尔顿的视野庇护理论

而且瀑布经常会阻碍河流上和山谷中的各种活动，如果没有瀑布，路线可能会更加通畅。

当一条河流从相对开阔的乡村流入一个僻静且典型的树木茂盛的峡谷时，视野庇护的象征意义能够得到很好的发挥。反之亦然，当一条瀑布从一条隐秘的沟壑中流出，然后在全景视野下跌入一个宽阔的山谷时，也能让人产生类似的情景感觉。一般来说，瀑布的一部分总是会被岩石和树木掩蔽，并且从峡谷边上的天然岩架或观察台的遮蔽角度来看，许多瀑布是视野庇护象征意义的典型体现。阿普尔顿为我们喜爱瀑布提供了另一种可能的解释。

对于瀑布给我们带来的积极影响，也有些人认可的解释完全不同，他们提出了负离子。负离子是一种无形、无臭、无味的分子，在山区、海岸和瀑布的空气中含量尤其丰富。负离子的形成原因是太阳光辐射以及空气和水的运动引起的大气分子破裂。据说，吸入负离子能增强人的幸福感，让人产生一种在雷雨或在浴室淋浴之后所感受到的愉悦情绪。总有人告诉我们，住在瀑布附近的人寿命会更长，生活会更健康。让·伊夫·科雷在《离子奇迹》中解释道，负离子是大气中的电子，会促进化学成分之间的反应，从而帮助我们的身体在呼吸时吸收氧气。科雷和许多其他人一样，对负离子的有益作用也提出了一些显著的主张，主张内容包括缓解甚至治愈哮喘和过敏。也许这正是让瀑布造访者咧嘴一笑的原因。

约翰·罗斯金，《瀑布的疯狂》，夏蒙尼，1849 年，水彩素描画

第五章　激情的瀑布，爱的喷泉

甜蜜从喷泉中涌出。

——西蒙·沙玛，《风景与记忆》

维纳斯瀑布

内尔·邓恩的小说《可怜的母牛》（1967）中的主人公乔伊，在描述她和爱人戴夫去威尔士旅行时，回忆道："我们在瀑布顶上恋爱。"后来她在给戴夫的一封信中写道："哦，天啊，我永远不会忘记威尔士的瀑布，太棒了。"关于瀑布的爱情故事似乎有着悠久的历史。根据文学的古典传统，阿多尼斯与维纳斯正是在瀑布边相遇，他们相遇的这座瀑布名为阿夫卡，坐落于黎巴嫩。在莎士比亚的诗《维纳斯与阿多尼斯》中，爱神用这样的话诱惑着英俊的年轻人：

"那里有山有溪，可供你随意食宿游息。
先到双唇咀嚼吮吸，如果那儿水枯山瘠，

再往下面游去，那儿有清泉涓涓草萋萋。"

而在诗集《爱情的礼赞》中，由克里斯托弗·马洛所作的其中一首诗《牧羊人恋歌》更具体地表明了瀑布是情人相会的地方：

"来做我的爱人，
我们将快乐无边。
这里有丘陵、溪谷、旷野，
还有连绵起伏的崎岖山脉。

我们坐在岩石上，
看牧羊人放羊，
浅浅的小溪旁，未知的瀑布边，
鸟儿唱着悠扬的情歌。"

在莎士比亚的时代，"跌落"这个词有小瀑布或瀑布的意思，但我们可能不应该就认为诗人在此情此景中回想起的瀑布，仅仅是低矮的岩架上脉脉涌动的水流。斯里兰卡有一座名为巴巴哈坎达的瀑布，这座高挑而纤细的瀑布（瀑布越高通常越纤细）从悬面上倾泻而下，注入一个深盆状的水潭中。周围的岩石在风化和侵蚀后，形成了一个自然雕塑，形似一对拥抱的情人。

18 世纪时，欧洲游客造访过一些太平洋岛上的美丽瀑布，这些人将瀑布与爱情生活联系在了一起。1871
年，法国海军军官兼浪漫主义小说家路易·玛丽·朱利
安·维奥在其中一个地方，即福陶瓦瀑布或法塔瓦瀑布，
第一次见到了拉拉赫，后来他与这名波利尼西亚女孩坠
入了爱河。

朱利安·维奥化名为皮埃尔·洛蒂撰写了自传体小
说《洛蒂的婚姻》(1881)。在这本书中，他描述了他与
拉拉赫是如何相遇的。洛蒂喜欢到带有天然岩石潭的瀑
布边散步，"那儿整天都有伴儿。帕皮提和美人们聊天、
唱歌、休憩，有时还会跳进水里，然后再浮上来躺在岸
边。难怪对岸的水手在休息的几个小时里总会来这儿找
乐子"！在洛蒂沉溺于"这种让人精力枯竭的生活时，两
个小女孩，两个没长大的女孩儿偷溜出来躺在瀑布下边
玩耍"。两个女孩儿中更漂亮的那个是拉拉赫。瀑布上
方还有另一个池子，这个水池是"专为两三个密友聚会
而做的石盆"。马丁·萨顿在《天堂里的陌生人》一书
中评论道："很快，贪图享乐的洛蒂就迷失于拉拉赫的
拥抱中。"

在前一章中，我曾简要地提及景观中瀑布的象征意
义，而以下自《洛蒂的婚姻》一书中摘录的片段提供了
一个恰当的例子：

"我们走到了漆黑的峡谷脚下，法塔瓦瀑布从两
百七十多米的高度飞跃而下，形似一条粗壮的银束。

峡谷深处的景色散发着纯粹的魅力。最茂盛的植被在荫蔽处纠缠，在不间断的波涛滋润下滴水不止，摇摆狂欢；蔓生植物攀附在陡峭的黑色墙壁上，其中还掺杂着，树蕨、苔藓。"

尼亚加拉瀑布的激情

玛格丽特·阿姆斯特朗曾写过一本关于范妮·肯布尔的传记，在传记中玛格丽特表示这名维多利亚时代的女演员和作家"对瀑布有一种激情"。

"我突然感到一阵急躁……我沿着岩石凿出的小路冲了下去。特里劳尼在后面紧跟着我。一直向下，向下，我跳了起来，透过树枝看到了一片泛着泡沫的海洋，泛着白光——特里劳尼喊道：'继续走！继续走！'几分钟后，我站在岩石瞭望台上。特里劳尼抓着我的胳膊，不发一言，把我拖到了边上。我看到了尼亚加拉瀑布！"

作家伊恩·利特伍德也认识到范妮·肯布尔对风景的兴奋。他也引用了一段自己参观尼亚加拉瀑布的记叙，旅行中，他还曾去瀑布后面漫步。

"我一想到尼亚加拉瀑布就觉得有点疯狂。我在

瀑　布

尼亚加拉大瀑布

水帘下来来回回走了三次；一次跟着向导一直走到
入口处，有两次我完全是一个人下去。"

　　尼亚加拉大瀑布一直以蜜月胜地而闻名，卡伦·杜
宾斯基在她的著作中对此进行了讨论。

早期尼亚加拉大瀑布
上的浪漫旅游，约
1905—1920 年

　　许多瀑布跌入的水潭适合游泳和潜水，但瀑布同时
也可以让人愉悦地沐浴。也许瀑布的快乐内涵要部分归
因于它们作为沐浴场所的吸引力。沐浴的乐趣可以与大
自然独享，也可与同伴共享，即使是和一小群人也能畅
享这种乐趣。池边的岩石是个好去处。人们可以在阳光
下或坐或躺在岩石上，欣赏迷人的景色或是观察那的其
他人。

一场在夏威夷举办的
瀑布婚礼

　　一本 1990 年的旅游局小册子《牙买加蜜月》中有一
个章节邀请人们在岛上最受欢迎的瀑布景点之一的伊苏
瀑布嬉戏，伊苏瀑布中有七个淡水跌水潭。瀑布在加勒
比海和其他地区的婚礼和蜜月旅行中扮演着重要的角色。
有些公司还为那些想在瀑布环境中结婚的夫妇提供"瀑
布婚礼"套餐。

喷泉旖旎

　　文艺复兴时期的喷泉通常装饰有裸体雕像。1499 年在威尼斯出版的书最初用高度程式化的意大利语撰写，并于 1546 年以法文译本出版，直到 1999 年祖士连·葛荣的译本出版时，才有完整的英文版。小说主人公普力菲罗在每一次叙述他旖旎的梦境时，"沉迷于列举服饰或鞋子的细节，这种程度几乎算得上是物神崇拜，但是当他提到的物体是一个精美的喷泉时，痴迷程度也毫不逊色"。详细描述的喷泉中，有一个喷泉颇具特色，"三个由纯金雕刻成的女神雕像，姿态端庄"。

　　书中的另一个喷泉装饰着一座"惬意安歇的美丽女神"雕像。15 世纪，欧洲人对丰满女性的偏爱，可以从科隆纳提及喷泉女神的话语以及他欣赏性的评论中知晓几分。吸引人们注意的不仅是雕塑女神的美丽，还有喷泉设计中雕像的使用方式。

　　喷泉和爱情生活之间的联系在科隆娜时代之后一直延续。在利用喷泉与爱情的联系方面，20 世纪的电影制作人是其中之一。弗里兹·朗于 1927 年创作了默片《大都会》，电影的前段场景中，主人公弗雷德和一个女人在永恒的快乐花园的喷泉中嬉戏。几十年后，罗马华丽的巴洛克式特莱维喷泉成了安妮塔·艾克伯格在费德里科·费里尼导演的电影《甜蜜的生活》（1960）中著名的场景的背景。女主人公安妮塔·艾克伯格在特莱维这座罗马华丽的巴洛克式喷泉前沐浴。当这位好莱坞影星的同伴马塞洛·马斯楚安尼蹚入喷泉池中，走过去亲吻她时，喷泉水流水就停止下跌。影片中也提到了天堂，而天堂——在地球上，在未来——是我们多数人的追求，虽然常常失败，正如马塞洛在影片中一样。在本章中我们了解到，喷泉和瀑布早已是天堂的象征物之一。两者都存于尘世中，而天堂的其他象征物，例如，激起欧洲人想象力的性感热带岛屿，以及文艺复兴时期艺术家们描绘的天堂般的岛屿也都存于尘世中，而非立于天际。

第六章 天堂

岛上气候宜人，景色优美，好比天堂
无数闪闪发光的瀑布。

——亨利·M.惠特尼《夏威夷游客指南》

花园天堂

受施陶巴赫瀑布群启发，歌德曾写过一首诗，名为
《水上灵魂之歌》，开头是：

人类之灵
与水相似。
自天而来，
回天而去。
又再一次
降落于地，
周而复始。

约翰·马丁，约1851
年，油画

　　水是生命的隐喻。对于天堂或人间仙境的描写，通常都包含水的形象，而且常以翻滚的溪流形式出现。

　　在世界各地的文化中，传统意义上的天堂是一个花园；那里河水充足，瀑布和喷泉给葱茏的景色带来勃勃生机。罗纳德·金认为世界园林的历史是《对天堂的追求》，1979年出版。这部作品追溯了从古代世界的伟大文明时期到20世纪的园林历史。根据他的观点，小瀑布和喷泉在人间天堂花园中扮演着重要角色。

　　19世纪，欧洲和美国的大部分人口生活在刘易斯·芒福德所描述的"工业地狱"中。人们每天都挣扎在威廉·布莱克于1808年所说的"黑暗的磨坊"，即肮脏的城镇和城市中，许多人试图在野外寻找天堂。而当荒野本身受到人类邪恶之手的威胁时，荒野会逐渐退化演变为一个封闭的公园。后来，国家公园开始逐渐建立。乔治·威廉姆斯在书中指出，"在这一发展过程中，荒野从一片滋生死亡和魔鬼的沙漠变成了一处天堂，各种各样的动植物和平共处"。

美国国家公园运动发起的一个重要因素是公众对尼亚加拉瀑布商业化和遭到破坏的反应。瀑布是美国许多州立和国家公园以及其他各国保护的自然景观最显著的特征之一。约塞米蒂山谷壮丽的瀑布是早期著名的例子之一，该地区于1864年被列为州立公园，1890年被纳

托马斯·科尔，《远眺尼亚加拉瀑布》，1830年，油版画
这幅画作于尼亚加拉瀑布受工业和旅游业影响之前，画中的瀑布还未遭破坏，保持着原始的自然状态

入约塞米蒂国家公园。而黄石国家公园是世界上第一个国家公园。黄石国家公园建立于 1872 年，目的是保护瀑布、自然喷泉和温泉在内的景观。铁路公司也支持在美国建立国家公园，他们预计随着更多的人被鼓励去参观为公众享受所保留的自然奇观，公司的业绩会有所提升。

旅游天堂

寻找人间天堂一直是人们旅游的一个动机。典型的旅游天堂是一座热带岛屿，蓝色的海水拍打在沙滩上，周围环绕着苍郁的棕榈。一般而言，我们在天堂岛的旅游形象上会看见一座青山，点缀着层叠的溪流和田园诗般的瀑布。1875 年出版的一本旅游指南高度赞美了夏威夷群岛宜人的气候和如诗如画的风景，例如热带森林和无数闪闪发光的瀑布。

戴维·洛奇的讽刺小说《天堂消息》是这样形容夏威夷这个已然过时的天堂的，"一年四季都在游泳、冲浪、野餐、惊天动地的火山、瀑布、雨林"和其他乐趣。小说中有一个人，身份是研究旅游业的英国人类学家，他正在为自己的下一本书收集资料，资料内容主要涉及"旅游和神话"。除收集以旅游天堂为主题的旅游手册外，他还列出了自己遇到的许多包括"旅游天堂"一词的夏威夷企业名称。小说中的另一个角色描述了自己在"花园岛"的一日游经历，在岛上他和一行人"总是忍不

卡卢阿因瀑布直泻入海中，旅游宣传中为打造夏威夷热带岛屿的旅游天堂形象，岛上众多的瀑布纷纷被加以推广

住去看那灿烂夺目的海滩，但是却不被允许走下迷你巴士去实地探索，因为总是在不停地奔向下一个被破坏的瀑布"。

近期，一位记者发表了一篇文章，文中他在描述南太平洋诸岛的景色时，以"珊瑚礁、葱郁的山脉、瀑布以及壮观的岛屿和环礁"等词语来展现群岛的魅力。然而，热带天堂度假地并不局限于岛屿。地理学家戈登·怀特在他的文章中写道："对于那些寻找浪漫旅游天堂的人来说，澳大利亚的风景无疑代表了美好的象征性特质。旅游天堂在视觉文本中，通常以明艳的色彩、阳

日本相模县大山的
罗本瀑布，木版水
印画，葛饰北斋，
1832—1833

光和日落、珍禽异兽、瀑布、热带海滩和棕榈树来展现。"怀特所指的"浪漫旅游天堂"似乎与理想的爱情联系更大，而与偏好如画风景的浪漫主义品味联系不大。因为他在文章后续中提到"来这儿旅游的情侣手牵着手"预示着"未知的浪漫"。

第七章 瀑布与创新思维：文学与艺术

几百年来，成千上万的画家和诗人

领悟到了瀑布的真谛，并从中获得了灵感。

——爱德华·拉什利，《世界瀑布》

神话与传说

自首次发现瀑布以来，瀑布就激发了人们的想象力。神话传说、绘画、音乐摄影和电影中瀑布的形象比比皆是。此前，我们已经讨论过，目前我们对瀑布的体验以及我们对瀑布的想象都广泛地利用了艺术。因而，我们将在接下来的两章中详细地介绍瀑布在创新思维中是如何呈现的。本章为第一部分。

人类一直占据着维多利亚瀑布地区。原始石器的发明和使用，标志着旧石器时代的开始。在维多利亚瀑布的赞比亚一侧，一个博物馆伫立在一片考古遗址上，那里陈列着众多史前石器标本。其中一些展品可以追溯到两百多万年前维多利亚瀑布诞生之际，当时赞比西河第一次溢出玄武岩高原边缘，水流切入高原内部，此后逐渐形成"之"字形峡谷。因此，很明显，智人见证了维多利亚瀑布的发展，在其 200 多万年的历史中，维多利亚瀑布扩散到了 8 个不同的地点。瀑布亘古不变的恢宏景象和雷鸣般的声音让当地人的思想深受影响。和世界上其他地方一样，当地居民相信瀑布是神明的居所。

讲故事是最早的艺术形式之一，类似于我们对风景的欣赏一样，这种艺术形式可能起源于我们祖先还是猎人和采集者的时候。随着语音的发展，文字图片逐渐取代了刻画在洞穴壁上或骨头和石头表面上的图案。在世界各地，传统的冒险和超自然传说从过去流传至今，其中许多故事和传说与当地人敬畏的地方和自然景观有关。因此，有瀑布存在的地方通常也流传着这种神话和传说。

有时瀑布本身也有神话起源，比如安赫尔瀑布，委内瑞拉的佩蒙印第安人认为，安赫尔瀑布是神话传说中邪恶的神在战斗中败给正义的对手后，哭泣的眼泪积聚而成。在世界多地，传统上人们认为瀑布是精灵的家园。希腊神话中的那伊阿得斯、斯堪的纳维亚民间传说中的山精和恶魔、日本的水神、墨西哥神话中长着孩子脸的侏儒，都与瀑布有关。而在非洲、南美和澳大利亚的传说中，传说有蛇怪潜伏在瀑布池中。同时，传说尼亚加拉瀑布是精灵的居住地，精灵的身影在水雾中若隐若现，精灵的声音在翻滚的水流中若有若无。另外，古埃及神话中，女神沙提是尼罗河瀑布之神，也是狩猎、洪水和生育之神。

在神话传说中，一提到瀑布，很难不让人想到情侣。斯里兰卡曾流传着这样一个与瀑布有关的故事。一位贵族少女试图逃离家园与流亡的情人团聚，却在攀爬悬崖时摔死。众神听闻这个悲剧后，深受感动，于是便在山坡处造出了一股瀑布来掩盖这悲伤的场景。而在牙买加的兰多维利瀑布则流传着一个截然不同的故事，一名西班牙士兵爱上了酋长的女儿，但这名女子却拒绝了他的求爱，并凭借自己的智谋将这可恶的侵略者送进了水中坟墓。关于瀑布的民间传说并不总是像这些故事那样浪漫。圭亚那的凯厄图尔瀑布被翻译成"老人瀑布"，这个名字源于当地的一个传统故事。一位老人的部落为了摆脱他这个累赘，于是便将他送上了一艘破旧的小船，让他独自漂泊在瀑布之上，最终这位老人跌入了水中，失去了生命。

据说，阿多尼斯正是在现代黎巴嫩阿夫卡瀑布脚下的池边，被嫉妒的阿尔忒弥斯派来的动物杀死。阿多尼斯的埋骨之地就在他与维纳斯相遇的地点不远处。这些传说的记载是古典文学的开端，为我们保留了许多原本会失传的神话故事。在其他文化中，古典文学同样异彩纷呈。书面语言以及后来印刷文字的演变和推广，促进了各种文学作品的产生，比如诗歌、散文和戏剧。

东 方

风景对艺术的影响在中国尤为明显，可能其他国家都要望其项背。中国的山水（字面意义的"山"和"水"）画有一千多年辉煌灿烂的历史，甚至在更早以前，中国的诗词和散文中，就已经有大量关于风景的想象。瀑布一直是人们青睐的风景。自古以来，中国的学士和艺术家一直喜欢在这些大自然奇观前，或坐或站，冥思苦想，不远千里。一般认为，唐朝时期（618—907）是中国诗歌的黄金时代，而在那一时期留存下来的众多诗歌中，山水是经久不衰的主题。群山、森林、湖泊和翻滚的溪流，既提供了行动的背景，又唤起了人们的情绪，还能暗喻人们情绪的变化。在浩如烟海的文学作品中，瀑布无疑是浓墨重彩的一笔。王维在《送梓州李使君》中曾道"山中一夜雨，树杪百重泉"，李白在《蜀道难》中也曾感叹道"飞湍瀑流争喧豗，砯崖转石万壑雷"。

而中国画中，如同中国诗歌一样，瀑布也常常惹人注目。英国著名的艺术家劳伦斯·比尼恩曾写道："在风景和与风景相关的主题方面，东方艺术要比我们更胜一筹。"早在欧洲风景画在文艺复兴时期开始繁荣之前，中国的艺术家们就已在这一题材上达到了炉火纯青的水平，在这一点上也许西方人永远望尘莫及。

瀑布常被列入画家们钟爱的山川风景之列，有时也是他们作品的主要题材。中国画中的几幅杰作都描画了瀑布。例如，1 000多年前，画家范宽的名作《溪山行旅图》，以及1072年郭熙所作的《早春图》。而在钟钦礼的画作《高士观瀑图》中，则传达出了瀑布对中国人的某

范宽,《溪山行旅图》,
绢本墨笔画

种吸引力。明代画家文徵明（1470—1559）的画作《深山观瀑布图》也表达出了这种意味。在这幅画中，一位衣冠楚楚的君子坐在山涧的岩石上，聆听对面瀑布的声音。另外，在一些绘画作品中，瀑布几乎占满了整个画

郭熙，《早春图》，绢本墨笔画

马远（1140—1225），
《高士观瀑布》，绢本
墨笔画

面，如文徵明的《古木寒泉图》和梅清（1623—1697）
的《高山流水图》。

　　日本一些画家的作品也具有浓厚的中国传统绘画色
彩，例如沙邦（约 1390—1464）的《山水画》。这幅挂轴
里的山、崖、亭、瀑，都反映出了这位艺术家对中国艺
术的熟悉。日本画家巨势金冈（镰仓时期，1185—1333）
的画作《那智瀑布》是日本最著名的绘画作品之一。画
中的那智瀑布是一处圣地。而圆山应举（1733—1795）
的屏风画《保津川》在描绘绽开时的瀑布和急流，展现
了与他之前截然不同的画技和个人画风。到了这一时期，
风景画已经成为欧洲的一个重要流派，许多欧洲文学也

从自然和风景中汲取灵感。

在亚洲的其他地方，瀑布在艺术上的作用可能无法与中国匹敌，但印度的一些艺术作品却具有别样的趣味，原因在于这些作品利用石雕来表现风景。一座位于印度的奥里萨邦的寺庙，由岩凿而成。庙里装饰着许多浮雕，其中一些浮雕就描绘了瀑布景观。印度寺庙中常见的女性自然神灵，有时展现在浮雕上的形象是跳舞、采花或在瀑布下沐浴。

欧　洲

至少早在古希腊和古罗马时，风景在欧洲艺术中的地位就已经弥足轻重。具体表现在绘画、诗歌和建筑上，以及与建筑相关的景观设计发展方面。塞奥克里托斯（约公元前310—公元前250）所作的《田园诗集》中，山川风光别具一格，在第一首诗中有着这样的描述，瀑布与岩石相击，似音乐声不绝于耳。这些古典文化遗产影响了欧洲文艺复兴时期艺术的各个方面，例如文学和绘画。莎士比亚、弥尔顿等人塑造的风景与古典时期作家笔下的风景交相辉映，他们笔下的风景与古代文献中描述的风景有很多相似的地方，泉水、喷泉和瀑布浇灌的树林和山峦是他们作品中的典型特征。但不同于但丁，许多以瀑布为主题的作家和画家可能一生中从未见过真正的瀑布，他们的灵感源于其他熟悉瀑布的艺术家所作的作品。

佛兰芒画家科斯蒂恩·德·科伊宁继承了约阿希姆·帕提尼尔、阿尔布雷希特·阿尔特多费尔和老彼得·勃鲁盖尔等画家发展的山水画传统，他被称作欧洲自然瀑布绘画艺术的先驱。科斯蒂恩的画作《瀑布山景图》大概可以追溯到 1600 年，画面左侧是尖锐的岩峰，右侧是陡峭、树木繁茂的山坡，下面是一道纤细的瀑布。这幅画的构图与科斯蒂恩的另一幅画《阿克特翁和戴安娜景观图》的构图非常相似，不过后者描绘的是一个以古典雕塑装饰的精美喷泉，而非瀑布。

到了 17 世纪时，瀑布在风景画中越来越常见，常常藏在山景的细节之处，有时瀑布也会作为作品的整个主体。画家兼雕刻家阿莱尔特·范·埃弗丁恩对这一主题的普及作出了巨大贡献。1644 年他回到荷兰后，又动身前往挪威和瑞典。他所画的山川和瀑布启发了雅各布·范·勒伊斯达尔。雅各布从未去过斯堪的纳维亚半岛，但他从 17 世纪 50 年代后期开始，陆陆续续画了许多瀑布，其中一些被称为"挪威瀑布"。雅各布的作品中至少有 16 幅画作的标题出现过"瀑布"一词。瀑布也在他的其他风景画中出现过。这位艺术家对跌水的迷恋在他对水车和开闸的描绘中也有所体现，后者实际上是人工瀑布。这很有可能暗示，低地国家的艺术家们对跌水的强烈关注可能与他们所在的国土地势平坦、瀑布稀少有关，受此因素影响，瀑布可能在他们的眼里更具特殊

雅各布·范·勒伊斯达尔，《瀑布风景》，约 1670 年，油画

的魅力。

17 到 19 世纪时，瀑布似乎变得越来越流行，那时的欧洲文学作品和绘画也证实了这一点。这一时期也正值英国贵族在欧洲大陆游学旅行。在初期的游学旅行中，家庭富裕的年轻人会在私人导师的带领下，学习外国礼仪和文化，并积累经验。游学者常去参观的一些事物包括具有文化意义的大都市、著名建筑、古代遗迹和重要的艺术收藏品等。随着人们的品位越来越高，越来越多的游学者会前往风景优美的地区。同时随着浪漫主义的兴起，那些追求崇高的人则去了某些景色野蛮粗犷的地区，尤其是阿尔卑斯山。阿尔卑斯山除巍峨的雪峰

和岩石峭壁外，还有层层叠叠的瀑布洪流，令人惊叹不已。当战争在欧洲大陆肆虐时，游学受阻，于是英国游学者开始转向关注自己国家的美丽风景，英国湖区、北威尔士和苏格兰高地等地区的旅游业因此得以发展，这些地区的风景美不胜收，偶有壮观的瀑布，又为风景增色不少。

　　受这些美景的启发，艺术家们试图用铅笔、墨水和颜料来描绘瀑布。公众的需求则为素描和油画作品提供了一个现成的市场。这些作品的印刷品被大量生产，卖给了许多买不起原画的人。很多旅游书籍和指南中也印了很多风景画，包括瀑布风景画，以迎合外出游客和居

梅因德尔特·霍贝玛，《水磨房》，约1666年，油版画

约瑟夫·安东·科克，伯尔尼兹阿尔卑斯山脉瀑布，1796 年，油画

家者日益增长的需求。弗朗西斯·汤是英国风景画家之一，他的作品涵盖了英国和欧洲大陆的风景。英国湖区和阿尔卑斯山的景色都曾是他作品的内容。汤游历广泛，作品主要是钢笔画和水彩画。他的画作中有几幅描绘了瀑布景色。在他的水彩画《登斯普吕根山》（1781）中，一条公路旁就流淌着一条瀑布，这条路是游客穿越瑞士

弗朗西斯·汤,《特尔尼瀑布》，1799年，水彩画

和意大利之间的阿尔卑斯山的一条热门路线。汤所作的其他风景画中也可以看到德文郡和湖区的瀑布。

艺术家在纸上和画布上呈现瀑布的能力受到了维多

利亚时期艺术评论家约翰·罗斯金的重点关注。针对英国画家兼雕刻家托马斯·吉尔丁曾对瀑布作出的一项研究，罗斯金写道："每一处闪光、涟漪和水流在铅笔的勾勒下都泛着光辉，在同一瞬间，以同样的技法，描绘出堆积的暗色沟壑岩石群，岩石周围，闪烁的水雾飘散开来。"罗斯金在《现代画家》一书中，用了十几页的篇幅介绍了他所谓的"岩石绘画"和"激流绘画"。该节主要探讨了瀑布的呈现，强调艺术家在渲染翻滚的水流和侵蚀的岩石时所用的技巧。罗斯金认为，透纳在瀑布画上无疑是最杰出的画家。他曾说道，"透纳是唯一一位将平静的水面或激荡的水面表现得淋漓尽致的画家。他通过

透纳，《高力瀑布》，约 1816—1817 年，水彩画

大胆而充分地渲染水流的形态，表现出了落水或流水的
力量感"。

罗斯金接着分析了透纳对高力瀑布的描绘。在这幅
画中，岩石盆地被上升的水雾遮蔽，"观察者的注意力主
要集中在同心环区和落水本身的微妙曲线上，但此处风
景无论用多么精确的方式都无法表达出来"。而透纳成功
地捕捉到了澎湃的水流从狭窄的河道中顺流下跌的特征
形式，罗斯金认为这一成就在艺术界很难有人与之匹敌。

"水流刚刚从顶端冒头时，无波无澜，浑然一
体，却也呆板无趣，但是当它陷入狭窄的通道，只
能不断地向前奔跑时，水流的特性便得以释放。它
开始在一个又一个区域里翻滚、扭动、奔腾。在下
跌时，使劲儿地向外倾泻，两侧发射出火箭状、嗖
嗖作响的长矛杆探测底部的虚实。透纳正是将这种
虚脱，这种无望地将其笨拙的力量抛向空中的行动，
特别地表现了出来。"

如果将这位维多利亚时代艺术评论家的话语和上文中引
用的 21 世纪旅游记者托德·勒万的评论进行比较，便觉
得有趣。

和透纳一样，诗人威廉·华兹华斯也对英国和欧洲
大陆的许多瀑布如数家珍。他在 1820 年的欧洲之旅中，
受瑞士瀑布的启发，创作了这首诗《去往劳特布伦嫩的

施陶巴赫瀑布》，"这瀑布无畏、闪亮，从天而降"。华兹华斯在《瀑布与野蔷薇》中也提到了瀑布。英国湖区的洛多尔瀑布和迪拉福斯瀑布也分别在《黄昏漫步：致一位年轻女士》和《梦游者》中提到。

　　所有关于瀑布的诗中，最著名的可能要数另一位湖畔诗人罗伯特·骚塞的诗歌，名字为《洛多尔大瀑布》，这首诗写于1820年，最初是为保育院而作。长期以来，此诗广受欢迎，并出版了儿童插图集。诗歌开头描述了初生的小溪，逐渐发展成一股洪流：

　　　　"澎湃的瀑布

　　　　　一落而下……

　　　随后

　　　　　上升，跃起，

　　　　　下沉，潜流，

　　　　　聚拢，收缩……

　　　无休无止，

　　　　　霎时，一片喧嚣中，

　　　　　水流就这样从洛多尔倾泻而下。"

从对这座著名瀑布的生动诗意回忆中可以明显看出，居住在湖区的骚塞曾在瀑布泛滥时做过研究，因为在多数时间里，那儿的水流实在是过于纤细。

然而，对于 18 世纪的诗人玛丽·罗宾逊来说，激发她对莱茵河瀑布创作的，并非瑞士大瀑布的景象和声音，而是画家菲利普·詹姆斯·德·卢瑟堡所作的莱茵瀑布画像。在写给卢瑟堡先生的信件中，罗宾逊夫人谈到自己对画布上所绘的一幅真实地区图像颇为喜爱：

> "澎湃的瀑布在边界上膨胀，
> 随即迸发而出，愈流愈深。
> 迎面而来的水流涌向四面八方，
> 在下方星星点点地散落银沙般的泡沫。"

罗宾逊所用的描述性短语，如"惊人的宏伟""高耸的峭壁""激流咆哮""偌大的场所"，还有"壮观的视野"，代表了当时对崇高的想象。

另外，也有一些诗人的诗歌主题并非瀑布，而是瀑布的象征意义。与弥尔顿同时代的亨利·沃恩曾写了一首名为《瀑布》的诗，这首诗没有提及任何特定的地方，事实上，也几乎没有任何风景描写，而是以"这条嚷嚷小溪的川流不息"来隐喻生命。

瀑布不仅在英国文学中被用来隐喻人类的生死，德国浪漫主义运动的领军人物歌德的作品中也借用了这一点。在歌德最著名的戏剧诗第二部分的第一个场景中，浮士德醒来发现自己躺在瀑布边的草地上：

"于是我转身，阳光落在我肩上。

去瞧那瀑布，带着喜悦的心情，

瀑布从巨石上倾泻而下，

不停地分开又聚合；

雷鸣般的水流在蓬松的泡沫里翻腾，

随着飞扬的羽状物，高高飘扬，

升起的水雾将空气浸润。随后，异彩纷呈，

瞧见彩虹从波涛中升起，

一时明亮，一时暗淡，在清凉甜美的水汽中交错。

所以，在我们凡人的舞台上追逐吧。

踌躇深思，细究奥秘，

我们的人生和本身就存在于这镜像的真理中啊。"

歌德经常以瀑布来象征人生，在浮士德的视野中，瀑布象征着连续和变化、统一和多样。尽管水流被地面束缚，水雾还是向高空升起。

美　国

18 到 19 世纪时，欧洲对世界的影响开始逐渐扩大。欧洲大陆和世界其他地方的艺术家和作家们将他们所见的奇异新风景记录下来，他们早期的作品大都符合欧洲人的审美观，且受当代美丽、崇高和如画概念的影响。当时，瀑布主题仍然炙手可热，并且世界上逐渐发现了许多大瀑布，这进一步激发了这些作家和艺术家们的创作热情。17世纪时，北美一直有报道称尼亚加拉河上有一座巨大的瀑布。尼亚加拉大瀑布最早的目击者记述来自路易斯·亨尼平。这位探险家于1678年12月跟随一个法国探险队到达那里并在附近搭建了一个营地。亨尼平随后出版了几本关于尼亚加拉瀑布的书籍。在1697年首次以法语出版的书中，亨尼平将尼亚加拉瀑布描述为"宇宙中最美丽、最恐怖的瀑布"。显然，亨尼平意识到了大瀑布兼具美丽和崇高的双重特点，尽管大瀑布的崇高性直到18世纪才成为哲学争论的重要话题。

亨尼平的尼亚加拉瀑布著作中所含的插图被认为是

已知的尼亚加拉大瀑布第一张公开图画，1697年

已知的第一幅尼亚加拉瀑布图画。亨尼平对尼亚加拉大瀑布的描述，极大地夸大了瀑布的高度，这点在他著作中的插图上也有所体现。一些作家曾言，这张插图太过失真，一定是没有参照现场绘制的瀑布素描或绘画，但是如果从下往上遮掉插图中瀑布的四分之三，就能相对准确地展现出尼亚加拉大瀑布。理查德·威尔森的画作更准确地反映了尼亚加拉大瀑布。继威尔森的画作之后，尼亚加拉瀑布的图像开始泛滥，内容五花八门，包括不同位置和不同条件下所见的尼亚加拉瀑布，如白天和夜晚的尼亚加拉瀑布、夏天和冬天的尼亚加拉瀑布。旅游业的发展进一步促进了这一点。旅游业的发展主要得益于交通的改善。

哈德逊河艺术画派的艺术家主要活跃于 1825 年至 19世纪 80 年代初期。其中一些人最初来自英国等欧洲国家，他们将在欧洲流行的瀑布主题带到了美国。最受欢迎的瀑布主题之一是凯特斯基山瀑布，这是一个著名的景点，距离美国东北部的主要城市中心很近。英国人托马斯·科尔和出生在附近的新泽西州的阿舍·布朗·杜兰德曾为这座如画的瀑布作过画。

19 世纪时，美洲大陆上更多的动人风景得以展现在欧洲人眼前，为冒险艺术家提供了新的题材。其中一些冒险艺术家本身还是探险家。英国人托马斯·莫兰曾是1871 年海登黄石公园探险队的成员，他的绘画《黄石大

赫尔曼·赫尔佐格，《山景与瀑布》，1879年，油画，赫尔佐格出生在德国，最终定居在美国

峡谷》（1872）重点突出了那儿壮丽的瀑布。在新发现的瀑布中，约塞米蒂山谷的瀑布最能激发19世纪艺术家的灵感。托马斯·艾尔斯的画作《约塞米蒂山谷》（1855）是约塞米蒂山谷在东海岸首批流传的画作之一，现代著名景点新娘面纱瀑布的图画也在其列。约塞米蒂山谷与画家阿尔韦特·比尔史伯特的联系颇深，原因在于这位画家的笔下曾描绘过约塞米蒂瀑布、新娘面纱瀑布和内华达瀑布这三座位于山谷内的瀑布。另外，哈德逊河画派的一个特点是写实，另一个特点是突出崇高性，这使得一些画家在描绘山景时为了艺术效果而不那么写实。例如，托马斯·希尔在描绘约塞米蒂山谷时要比其实际宽度窄得多，从而突出了它的崇高。

哈德逊河画派的一些艺术家曾远赴美国以外的国家游历。但该画派内的成员弗雷德里克·丘奇却以北美风景画闻名，尤其是尼亚加拉大瀑布。同时，他的画作也将他在海外广泛的见闻记录了下来。他最著名的绘画作品是《安第斯山脉的心脏》（1859），画中描绘了一个山谷，远处有白雪覆盖的山峰，前景是一座瀑布，让整个画面栩栩如生。

托马斯·科尔，《卡特斯基尔瀑布》，1826年，油画，这一不寻常的景象是由瀑布后面悬崖上的岩石拱构成的

非裔美国艺术家罗伯特·塞尔登·邓肯森绘制的《食莲人之地》（1861）与丘奇的作品齐名。这幅画也以瀑布为特色，瀑布占据了构图的中间地带。莎伦·巴顿评价这幅画为"一幅逃避现实的风景画"。另一位非裔美国

托马斯·科尔,《卡特斯基尔瀑布》,1826年,油画

画家格拉夫顿·泰勒·布朗为了逃避现实,在内战前夕加入了西部拓荒者行列。他的一幅风景画《海登角黄石大峡谷》(1891)让人想起了一幅约20年前的海登角的图

阿尔韦特·比尔史伯特，《下黄石瀑布》，1881 年，油画，比尔史伯特是哈德逊河画派的代表画家之一

画，画中的场景与布朗的风景画相同，也有壮观的瀑布。巴顿解释道：

> "他（布朗）所描绘的场景实际上只有少数黑人居住，而那些地方几乎没有种族歧视。"

澳大利亚

当哈德逊河画派在美国兴盛发展时，澳大利亚也出现了类似的景观艺术反应。当时，欧洲人在澳大利亚的探索和定居活动正在迅速发展。澳大利亚大陆以低地势和大面积干旱著称，却坐拥大量瀑布，其中大多数瀑布分布在靠近东部和东南部海岸的山脉和高原上。18世纪晚期时，欧洲人也正是在该国的东南部和太平洋沿岸开始定居，随后人口开始聚集起来并形成主要人口中心。西澳大利亚的天鹅河地区是一个例外。对于许多欧洲探险家和早期定居者来说，澳大利亚的大部分景观，例如，大片延伸的普通平原、灌木丛植被和令人生畏的沙漠，都毫无吸引力，甚至令人厌恶。相比之下，澳大利亚的菲利克斯，气候温和，雨量相对充沛，山脉和河谷中植被茂盛，风光绮丽，别具魅力。艺术家们在这儿，试图在纸上和画布上捕捉这种美。

在当时，欧洲人对瀑布简直情有独钟，瀑布顺理成章地成为热门题材。所以，不出所料，在欧洲人聚居区内的瀑布或该地区内容易到达的瀑布常被绘制。因此，19世纪时有许多关于蓝山瀑布和万农瀑布的图画，蓝山瀑布可以从悉尼轻松到达，而万农瀑布位于19世纪30年代牧民定居的墨尔本和阿德莱德之间。19世纪时，路易斯·布维洛特等艺术家都曾绘制过有关万农瀑布的画作。

　　澳大利亚瀑布中，艺术家们记录最多的是蓝山的温特沃斯瀑布。温特沃斯瀑布的落差很大，但水流很纤细。1825 年，一个法国科学考察队来这里参观，艺术家 E.B. 德拉图雷纳是考察队成员之一，他将这座瀑布边缘和远处的景色雕刻了下来。19 世纪上半叶，绘制温特沃

路易斯·布维洛，
《万农河上游瀑布》，
约 1872 年，油画

斯瀑布的艺术家中影响最大的可能是英国艺术家奥古斯都·厄尔，1825 年至 1828 年间厄尔在澳大利亚和新西兰工作。描绘温特沃斯瀑布的 19 世纪艺术家还有约翰·斯金纳·普劳特、尤金·冯·盖拉尔和威廉·查尔斯·皮格尼特。

　　澳大利亚景点戈维特瀑布高挑、细长，是蓝山另一个颇受欢迎的景点。艺术家尤金·冯·盖拉尔、威廉·雷沃斯和威廉·利（不要与以"荒野西部"绘画闻名的美国同名画家混淆）曾画过这一瀑布。康拉德·马

奥古斯都·厄尔，《蓝山摄政王峡谷的布干维尔瀑布》，1838 年，油画。该瀑布后来被称为温特沃斯瀑布

康拉德·马滕斯，菲茨罗伊瀑布，约1876年，水彩画

滕斯是绘制过蓝山风景的画家之一，他和奥古斯都·厄尔一样，曾与查尔斯·达尔文一起乘坐"小猎犬"号远航探险。马滕斯出生于英国，父亲是德国移民。1835年马滕斯抵达悉尼，并在悉尼安家，直到1878年去世。马滕斯的许多澳大利亚绘画作品是其定居地区的乡村景色，但他的绘画题材也包括山景，山景中有些包括瀑布。他的画作《费兹罗伊瀑布》是他描绘澳大利亚风景的早期代表作品之一。他的水彩画《阿普斯利瀑布》(1874)是接受新成立的新南威尔士艺术学院委托而作的。当时的马滕斯处于鼎盛时期。

20 世纪的绘画

20 世纪的绘画和文学中，瀑布虽然不再是流行的题材，但并没有完全被这时的艺术家们忽视。在 20 世纪的头二三十年里，许多早期崭露头角的艺术家仍然活跃，受到大众的欢迎。其中最负盛名的是托马斯·莫兰。他的绘画曾影响了 1916 年美国政府建立美国国家公园系统的决定。莫兰曾以黄石地区的瀑布作为自己的绘画题材。1900 年，他画了一幅画，名为《肖肖尼瀑布》，这幅画是他数幅宏大的画作之一。肖肖尼瀑布是一座令人叹为观止的爱达荷州大瀑布，当时被称为"西部的尼亚加拉瀑布"。莫兰到八十多岁时仍然在创作，继续画风景画，包括他钟爱的黄石公园景观。瀑布在艺术鉴赏家中越来越不流行，但它仍然受到大众的青睐。麦克斯菲尔德·派黎思等画家迎合了大众的喜好。这位美国画家的风景画色彩华丽，却常常装饰着穿着朴素的漂亮女士。派黎思的画作常常出现在杂志封面、日历和版画上。

威尔士人詹姆斯·迪克森·因内斯是 20 世纪早期的艺术家之一，他对在风景画家和公众之间长期流行的主题十分感兴趣，其新派的自由风格给风景画这一题材注入了新鲜血液。他的两幅瀑布画可以在伦敦的泰特美术馆里看到。虽然 19 世纪末和 20 世纪初更为激进的艺术家们普遍拒绝以崇高的风景为题材，但原始派画家亨利·卢梭、表现派画家瓦西里·康定斯基和弗朗兹·马尔克以及野兽派画家亨利·马蒂斯都画过瀑布画，虽然有不同程度的抽象。精确主义画家佐治亚·奥基夫也画过新墨西哥和夏威夷群岛上的瀑布。彩绘玻璃艺术家路易斯·康福特·蒂芙尼也应被提及，他的新美术派玻璃窗上描绘的风景通常以瀑布为特色。出生于亚美尼亚共

弗兰兹·马尔克，《瀑布》，1912 年，油画

和国的抽象印象派画家阿希尔·高尔基也不应被落下，他创作了一系列以自然形式为基础的绘画作品，其中就包括他的《瀑布》(1943)，现藏于泰特美术馆。

瀑布乐歌

从忒奥克里托斯的《田园诗》到骚塞的洛多尔，人类在瀑布自然音乐的启发下，迸发出惊人的创造力。瀑布丰富多彩，变化多端的声音平添了一份对感官的吸引力。大概人类诞生之初，这些自然的声音就能够激发诗人和音乐家的灵感。即使是在今天的部落社会中，包括瀑布声在内的自然声，也能激发人们创作歌曲的灵感。史蒂芬·费尔德曾对巴布亚新几内亚独立国卡露力族人的音乐传统进行了研究，卡露力族人习惯在溪流和瀑布旁创作歌曲，"与溪流和瀑布一起歌唱，也为他们献歌"。对于他们来说，"作曲就像是让瀑布在你的大脑内奔腾一样"。

风景在中国的音乐中，就像在中国的绘画和诗歌中一样，一直是灵感的源泉。两千多年来，中国音乐家在演奏时总是能让人联想到瀑布。其中最著名的作品之一是《流水》，《流水》与另一首乐曲《高山》原为一曲。据说，这首以山水为灵感的音乐是由著名的琴师伯牙所作。《流水》使人联想到一条山涧，从山中的源头往下流动，开始只是一条细溪，然后逐渐发展为一条瀑布。这

郭熙,《早春图》(细节图),1072年,绢本墨笔画

首曲子最初以奏法谱的形式记载于 1425 年出版的《神奇秘谱》中，历史悠久。

　　但是，瀑布虽然在欧洲绘画和文学中喜闻乐见，却无法像山脉和森林一样在西方音乐中占据着重要的地位。瀑布在西方音乐中常常被忽略。即使是在浪漫主义时期，瀑布在音乐中的地位也未见起色。虽然斯堪的纳维亚半岛丰富的瀑布景观无疑是葛利格和西贝流士的音乐灵感来源，但音乐与瀑布的直接联系仍然很罕见。舒伯特的《C 大调第九交响曲》与奥地利小镇巴德加斯坦有关。然而，虽然该地区的景色可能激发了这位年轻作曲家的灵感，但他的音乐创作似乎与瀑布之间并没有具体的联系。19 世纪的许多音乐作品的标题中有"瀑布"一词，但这些曲子很少有，或者说几乎没有什么名气。商业记录上仅有一首威尔士作曲家约翰·托马斯所作的《瀑布回声》，这首乐曲是为竖琴弹奏而作，是一首精致的短篇描写曲，快速弹拨的琴弦发出的层叠音符暗示着滔滔不绝的优美瀑布。

　　1997 年美国发射的"航行者"号卫星在太空播放了《流水》的录音，此举，为古代音乐赋予了太空时代的角色。两千多年前由地球上的瀑布启发而创作的音乐如今在太空中回响。

第八章　瀑布与创新思维：新方向

诗歌和故事让瀑布的魅力永恒。

——理查德·珀尔,《瀑布：赏析》

镜头下的瀑布

19世纪时，摄影技术的飞速发展，特别是1839年银版照相法的发明，使画家的职业受到了挑战。越来越多的摄影师满足了旅行和探险类书籍中对风景插画的需求，而绘画现在可以自由地向新的方向发展。19世纪40年代，摄影作为一种艺术形式和一种商业活动得到了极大发展。正如欧洲大陆上的游学旅行刺激了人们对风景画和版画的需求一样，19世纪旅游业的发展也为银版照片开拓了市场，尤其是当游客本身也出现在风景画中时。1845年，在费城经营肖像摄影业务的威廉和弗雷德里克·兰根海姆兄弟拍摄了许多尼亚加拉大瀑布的全景大图，每幅都由五处不同的风景组成。1853年，普拉特·D.巴比特获得尼亚加拉大瀑布的摄影垄断权。巴比特成功地捕捉到

威廉·亨利·杰克逊，《加利福尼亚的约塞米蒂瀑布》，约1898年，照片

瀑布和人像同框的照片，这很大程度上归因于水中光线的强烈反射，光线的反射使得巴比特能够利用几乎瞬间的曝光。这些照片作为旅游纪念品备受欢迎。虽然银版相片不能像绘画和素描作品一样直接被复制，但是借助雕版和石刻技术可以制作银版相片的复制品。通过这种方式，银版相片可以被复制并用于书籍插图。

　　摄影发展上一个主要的分水岭是蛋白印相工艺，这

项技术使得图像的复制成为可能。同时引领了另一项
创新——新闻照片。以克里米亚战争摄影照片闻名的罗
杰·芬顿是新闻照片创新过程中的先驱。芬顿拍摄的大
部分照片是风景，然而，其中许多是河景。最早的一些
英国瀑布照片就出自芬顿之手。芬顿拍摄这些瀑布时利
用的技术是当时最新流行的立体幻灯机或立体照相镜中
运用的立体重叠照相技术，19 世纪末和 20 世纪初的许
多中产阶级家庭中有一台这种立体幻灯机或立体照相镜。

罗杰·芬顿，窄谷下
的码头与水池，**1854**
年，照片

卡林顿瀑布，新南威
尔士州，约 1908 年，
彩色照片的明信片

19 世纪时，邮政业也有了重要发展，邮票和明信片相继
被推出，自 19 世纪 90 年代开始，邮票和明信片逐渐以
瀑布等风景图片为特色。

　　上述这些技术发明和进步奠定了早期电影摄影术的
发展基础，在这一过程中，动作（如落水）可以被记录
在电影上，并投射在屏幕上成为运动的影像。彩色摄影
也在进步。1904 年，卢米埃尔兄弟为他们发明的彩色屏

幕工艺申请了专利，1907 年，他们在里昂的工厂开始商业化生产彩色摄影胶片。安塞尔·亚当斯在旧金山长大。亚当斯是美国著名的风景摄影师，他的精品黑白图像作品多以瀑布为主题。

虽然技巧娴熟的摄影师也许可以捕捉到急速流动的瀑布翻滚的画面，但是最终拍到的照片始终是静态的。随着电影技术的发展，记录和演示翻滚的水流、上升的水雾以及闪烁的光线都变得可能。后来，录音的加入增强了电影制作者向观众传达瀑布体验的能力，这种体验从早期的无声电影开始，逐渐在戏剧中崭露头角。

所有无声电影中，最著名的是大卫·格里菲斯导演的《赖婚》（1920）。在这部电影的高潮情节中，冰封的河流崩裂，湍急的瀑布流猛地冲刷过来，由莉莲·吉许扮演的女主人公陷入极度危险的境地。自电影中出现声音后，观众现在既能看到银幕上的瀑布也能听到其声音。早期的有声电影《大探险》在非洲拍摄。影片中有一幕壮观的场景取景于卡巴雷加或默奇森瀑布。同样的镜头后来也在约翰尼·韦斯默勒主演的电影《泰山逃亡》（1936）中再次使用。1950 年，彩色电影《所罗门王的宝藏》中又一次以尼罗河上游的这些瀑布为电影场景。彩色电影《尼亚加拉》（1952）的配乐捕捉到了大瀑布的轰鸣声。近年来，瀑布在电影中所扮演的角色越来越重要，如《无可救药爱上你》（2002）的浪漫场景拍摄于约克郡的托马森·福斯瀑布。影片《侠盗王子罗宾汉》（1991）

中采用了约克郡的瀑布场景，片中主角由凯文·科斯特纳饰演。片中，一场遭遇战就拍摄于依斯咖斯瀑布，而在电影的另一个场景中，主角罗宾汉在高力瀑布脚下的水池里洗澡。这两座瀑布都位于温斯利代尔，与传说中侠盗罗宾汉经常出没的诺丁汉和舍伍德森林等地区相距甚远，原因是这些传说地区的风景都不尽如人意。

　　瀑布在其他浪漫电影中也是浪漫的场景，同时又在其他冒险浪漫电影中让人感到毛骨悚然，比如，改编自小说和短篇故事的电影《无可救药爱上你》。还有，电影《所罗门王的宝藏》（1950），这部电影改编于亨利·莱特·哈葛德（1885）的小说；电影《泰山王子》（1984）的灵感源于埃德加·赖斯·巴勒斯编纂的故事；电影《最后的莫希干人》（1992）改编自詹姆斯·费尼莫尔·库柏的同名小说。《泰山王子》中的"丛林"瀑布场景拍摄于喀麦隆，而在影片《最后的莫希干人》的高潮搏斗场景中出现的山核桃瀑布可以在北卡罗来纳州的烟囱石国家公园中看到。电影《夺宝奇兵4》（2008）的部分场景取材自伊瓜苏瀑布，说明了瀑布在冒险电影中的地位。

　　瀑布在电影中也经常是危险的来源，让男女主人公陷入令人兴奋的危险境地。荧屏上冒险故事的主角总是一下子栽入瀑布，或是侥幸逃脱这一命运，这种情节屡见不鲜，现在都已经老掉牙了。自1943年以来，狗狗莱西一直是电影和电视屏幕上的明星演员。数年来，这只永不显老的狗总是从一个冒险故事辗转到另一个冒险故事中。在 1994 年上映的电影《灵犬莱西》中，这只了不起的狗在瀑布前表演了一场戏剧性的救援，莱西从瀑布上奋不顾身地跳下，当它从瀑布中冒头时，看上去就像刚理过毛一样。

瀑布在动画片中也经常出现。有时它们只是浪漫或如画背景的一部分，比如 1942 年迪士尼动画电影《小鹿斑比》的开篇场景。迪士尼的第一部长篇动画片《白雪公主和七个小矮人》（1937）中也有一个有关瀑布的场景，小矮人从矿井里下班回家的路上出现了一座瀑布。在后来的迪士尼动画电影《罗宾汉》（1973）中，主人公罗宾汉和少女玛莉安之间的浪漫爱情场景中也出现了一座瀑布。有些情况下，瀑布和急流在故事中起着重要的作用，这时，瀑布和急流往往会危及男女主人公的安全。1931 年，迪士尼推出了"糊涂交响曲"系列动画短片，在系列之一的《丑小鸭》中，一群小鸡的笼子被冲到了瀑布的边缘，在主人公的救助下，它们才得以逃生。在 1933 年上映的大力水手卡通电影短片中，大力水手的女朋友奥利弗·奥伊尔就差点从高高的瀑布上翻下去。在现代人看来，像这样的老卡通电影中对瀑布的描绘根本无法让人相信是真的。就连《纽约时报》在评论迪士尼电影《小鹿斑比》时，也认为这一点值得掰扯一下："一个不带完全现实主义色彩的瀑布，打破了人们对自然森林的幻想。"近年来，动画片的制作涉及计算机模拟技术，屏幕上的瀑布变得更加逼真了。

迪士尼最近的一部动画电影《变身国王》（2000）中，

巴斯特·基顿,《待客之道》(1923年),冒险喜剧

当片中两个角色发现自己被绑在一根腐烂的树干上掉进河里时,影片利用了"瀑布危险"这个老生常谈的套路来达到幽默效果。

　　当无助的二人被水流卷走时,他们进行了如下对话:
　　帕查(面朝下游):啊哦。
　　库斯德(面朝上游):可别告诉我,我们要越过一个巨大的瀑布。
　　帕查:被你说中了。
　　库斯德:底部有尖锐的岩石?
　　帕查:很有可能。
　　库斯德:来吧,挑战!

印刷页上的瀑布：冒险、浪漫与幻想

在虚构小说世界里，最著名的瀑布事件也许是柯南·道尔笔下可敬的神探夏洛克·福尔摩斯与犯罪主谋詹姆斯·莫里亚蒂教授在莱辛巴赫瀑布上方狭窄的岩石壁架上的搏斗事件。在柯南·道尔写下这一幕前，这座瑞士瀑布旅游景点早已闻名遐迩。1893年，《最后一案》登载在《海滨杂志》上。以下是福尔摩斯的同伴华生医生在《最后一案》中描述这座大瀑布时的话语：

> "那确实是一个险恶的地方。融雪汇成激流，倾泻进万丈深渊，水雾向上卷起，宛如房屋失火时冒出的浓烟。河流注入的谷口本身就有一个巨大的裂罅，两岸矗立着黑煤一般的山岩，往下裂罅变窄了，乳白色的、沸腾的水流泻入无底深壑，涌溢迸溅出一股激流从豁口处流下，连绵不断的绿波发出雷鸣般巨响倾泻而下，浓密而晃动的水帘经久不息地发出响声，水花向上飞溅，湍流与喧嚣声使人头晕目眩。我们站在山边凝视着下方拍击黑岩的浪花，倾听着深渊发出的宛如怒吼的隆隆响声。"

福尔摩斯的粉丝一定知道，尽管在这场殊死搏斗中，主人公和莫里亚蒂表面上都死了，但这位老谋深算的侦探实际上活了下来，经历了更多的冒险，这些冒险经历直到 1927 年才在《海滨杂志》上刊登出来。《海滨杂志》是 19、20 世纪之交最受欢迎的月刊之一，杂志内容生动易懂，还配有插图。《最后一案》中西德尼·佩吉特画的整版插画《夏洛克·福尔摩斯之死》显示，福尔摩斯和莫里亚蒂站在莱辛巴赫瀑布的裂口断崖上摇摇晃晃。

在大众媒体上，19 世纪末至 20 世纪初，漫画杂志及其分支报纸连环画逐渐开始出现，绘画的重要性与日俱增。李·福尔克的连环画《幻影奇侠》于 1936 年第一次面市，至今这部作品仍然是最成功的连环画之一。书中的幻影奇侠一直是最受人们喜爱的漫画超级英雄之一。在《幻影奇侠》中，瀑布标志着主角在危险世界中与邪恶做斗争后逃避危险的一个避难所。要想到达本格拉树林中幻影奇侠的藏身处，必须穿过隐秘的瀑布入口，经过岩石中凿出的一条通道，这片岩石位于林中空地之上。1996 年，这部连环画的电影版上映，片中由比利·赞恩饰演蒙面英雄。影片中，上述这些景观细节都忠实地得到了还原。

在通俗文学领域，幻想流派 20 世纪后期得以复苏。这很大程度上归功于约翰·罗纳德·瑞尔·托尔金的小说在文学和商业上的成功，他的小说现已发展成了一个价值数百万美元的出版物和电影制作产业链。其中，图画艺术业务也得以蓬勃发展，有关托尔金的插图、封面

西德尼·佩吉特,《夏洛克·福尔摩斯在莱辛巴赫瀑布与莫里亚蒂教授搏斗》，插图发表在《海滨杂志》（1893 年）上

和其他商品含有丰富的戏剧性。他想象中的风景包罗万象，其中就有连绵起伏的群山和溪流汇成的瀑布。《霍比特人》（1937）是托尔金的代表作。在小说的第一章中，主人公比尔博·巴金斯在听到矮人的歌声后，激动不已，

心中有一种冒险的冲动，想要"去游览高山峻岭，去聆听松树和瀑布的声音"。在《指环王》这部由托尔金的小说《魔戒》改编的电影中，片中人物汤姆·庞巴迪曾演唱了一首歌，其中部分歌词是"啊，瀑布上的风，还有树叶的笑声"。显然，托尔金和他笔下的人物认为瀑布在浪漫和冒险场景中出现恰如其分。瀑布在托尔金笔下的多个故事中出现，其中一些瀑布有被命名，例如，《魔戒》中著名的劳勒斯瀑布和《精灵宝钻》中的西瑞安河瀑布。《霍比特人》和《魔戒》中有一个重要的地方叫作瑞文戴尔，瑞文戴尔的群山中有一条沟壑纵横的隐秘山谷，这处山谷中就有一座瀑布。托尔金所作的瑞文戴尔图画被用作《霍比特人》第二版的插图。从这幅插图中可以看到一座瀑布。后来，艾伦·李和大卫·怀亚特等插图师，在画瑞文戴尔时戏剧性地添加了更多瀑布，托尔金作品中描述的其他瀑布在这些插画师的笔下也让人叹为观止。托尔金的书籍里面和封面上都可以看到艺术家创作的瀑布画。

瀑布在托尔金成名之后的奇幻文学洪流中继续扮演着重要角色。美国艺术家和作家詹姆斯·格尔尼创造了恐龙帝国：一个由恐龙和失落文明的人类共同居住的虚构岛屿。他的小说《与世隔绝的恐龙王国》（1992）和《地下恐龙王国》（1995）不仅反映了人们对史前生物和幻想世界的兴趣，也反映了瀑布的魅力。恐龙王国中有一座壮观的瀑布城，简直不敢让人相信是真的，从格尔尼1988年的绘画来看，这座瀑布城似乎是尼亚加拉、维多利亚和伊瓜苏瀑布的结合体。

在前一章中，从维多利亚时代晚期到20世纪对通俗文学和艺术的关注并不意味着，在"阳春白雪"的文化世界里，瀑布就被忽视了。虽然浪漫主义的衰落和现代主义的兴起可能确实会使瀑布不再受到"严肃"作家和画家的青睐，但这些景观特征并没有完全从他们的作品中消失。曾被誉为维多利亚时代最后一位小说家和第一位现代主义诗人的托马斯·哈代，在自己的作品中偶尔会提到瀑布景观。哈代的诗歌《瀑布下》中提到一对爱侣在瀑布边野餐。在哈代出版的第一本情节小说《计出无奈》(1871)中，几处提到了瀑布，哈代的其他小说作品中也对瀑布有所提及，例如，他在小说《贵妇人》(1891)中，详细描写了一座海滨瀑布，这个地方是一个很受欢迎的风景区，许多绘画和照片以其为主题。哈代的作品总是将人们的注意力引向维多利亚时代不断变化的世界，例如，在《贵妇人》这部小说中，我们可以注意到乡村和沿海地区旅游业的发展，以及摄影技术的进步。旅游业和摄影技术的发展在很多方面联系颇深。澳大利亚作家悉尼·丘奇·哈雷克斯在其诗歌《奥乔里奥斯湾瀑布漫步》中更直接地阐述了瀑布的旅游开发。这首诗讲述的是参观邓斯河瀑布。这座瀑布是一个高度商业化开发的牙买加旅游景点，风景优美。

　　哈雷克斯的这部作品是向威尔逊·哈里斯致意。哈里斯是一位广受赞誉的小说家，他的小说将自己家乡圭亚那的风景魅力展现得淋漓尽致。圭亚那位于南美洲北部，国内多瀑布，这一点在哈里斯的第一部小说《孔雀宫》(1960)中就有所反映。《孔雀宫》的故事情节晦涩难懂，它讲述的是一群人为了寻找一个失落的美洲部落居住地，乘船沿河而上，经历艰险的故事。当幸存的船员到达一座巨大的瀑布脚下时，这三个人放弃了他们的船只转而去攀爬瀑布倾泻的悬崖，却在攀爬过程中遇难。

牙买加奥乔里奥斯，
游客攀登邓斯河瀑布

19 世纪游客在尼亚加拉瀑布

作家海米托·冯·多尔德在其晚期小说《斯卢尼的瀑布》（1963）中也提到了瀑布。虽然这部小说中的瀑布扮演了一个不同的角色，但同样颇具戏剧性。小说故事主要发生在奥匈帝国的维也纳，但在克罗地亚斯卢尼镇边缘的瀑布处却前后发生了两个重要事件。小说前期，一对英国夫妇在这个美丽的地方度蜜月，但是在小说的后面，他们的儿子在爱情中受挫，最后在这个地方逝去。这两段情节让我们再次看到瀑布与人类爱恨生死之间的联系。

"瀑布"一词经常出现在小说的标题中，有几部小说甚至直接以《瀑布》为名。20 世纪的一些诗人也写了关于瀑布的文章。美国诗人萨缪尔·梅纳什和大卫·瓦格纳都曾创作名为"瀑布"的诗歌。瓦格纳的诗歌灵

感似乎源于他看到一条翻滚的小溪后对水文循环的惊
奇，这反映了人们逐渐认识到自然对地球上生命的维持
过程。

瀑布音乐

澳大利亚当代作曲家曾创作了与瀑布相关的作品，
这也许反映了近年来瀑布艺术的复兴，罗莎琳德·卡尔
森创作的《春日瀑布》（1997）是为长笛和钢琴合奏而写
的，而尼格尔·威斯雷克于1987年录制了歌曲《我们的
瀑布母亲》，这个标题来自一首诗。喷泉式人工瀑布也受
到了作曲家的关注，例如，奥托里诺·雷斯庇基曾作曲
《罗马的喷泉》、李斯特曾作曲《艾斯特庄园的喷泉》。钢
琴曲《水之嬉戏》也经常被翻译成《喷泉》。

瀑布似乎不太可能是爵士乐的素材，尤其是亚
特·布雷基和爵士信差乐团演奏的硬波普爵士乐。但在
1982年，小号手温顿·马萨利斯与这个乐队合作录制的
最后一场录音中，他的曲子《瀑布》也是演奏曲目之一。
跨界爵士——新时代的萨克斯手约翰·克莱莫也创作并
录制了一首名为《瀑布》的曲子。瀑布在音乐界最受青
睐的时期似乎是20世纪末流行音乐盛行的时期。如果只
是以瀑布为隐喻的话，其中最著名的歌曲是保罗·麦卡
特尼的《瀑布》（1980）和Tlc乐团录制的同名歌曲，这
首歌收录于该乐团1994年的大热专辑中。其他以瀑布为

题的歌曲包括《银色瀑布》和《小瀑布》。歌曲《尖叫瀑布》由 8 Storey Window 乐团录制，于 1995 年发行。保罗·麦卡特尼的瀑布唱片套对于流行音乐唱片来说极不寻常，因为这张唱片套上的图片是一座瀑布。这是一张超现实主义图片，图片上的瀑布被一双手托在积雪覆盖的山脉上方。而更自然的瀑布，通常都是简单的摄影图像，一般出现在新生代音乐和舒缓音乐光盘的封面上，后者经常以自然声音为背景音乐，例如，海浪拍打海岸的声音或急流涌动的声音。

瀑布绘画

一些战后画家从瀑布中找到了灵感。美国艺术家帕特·斯特尔受行动绘画、极简抽象派艺术、观念运动、中国山水画和浪漫主义的影响，在 1990—1991 年间创作了一系列黑白瀑布画。斯特尔运用了让颜料流下画布的绘画方式，既突显了绘画材料，又代表了瀑布本身。与此截然不同的是，当代澳大利亚艺术家杰弗里·马金创作的或多或少体现自然主义的作品。马金曾画过自己祖国的 30 多座瀑布。澳大利亚一些艺术家也从这些自然景观中找到了灵感。乔·阿利明金·罗特西在 20 世纪 50 年代创作了几幅瀑布画。当代土著艺术家谢恩·皮克特在近年创作的抽象画《彩虹蟒》（1983）背景中有一座瀑布。彩虹蟒与瀑布的搭配让人们不由得在 20 世纪回忆起古老的梦幻时代神话。

　　20世纪后，有迹象表明，瀑布仍然是当代画家的兴趣所在。2006年，马丁·格陵兰创作的一幅名为《维米尔的云彩之前》的瀑布油画，赢得了利物浦的约翰·莫尔斯当代绘画奖。画中场景为一座以瀑布为前景的小镇。这幅画体现了画家格陵兰对自然的憧憬。

　　细数20世纪艺术界的瀑布画，绝对少不了艺术家埃舍尔的著名平版画《瀑布》(1961)。莫里茨·科内利斯·埃舍尔出生于荷兰。埃舍尔的成名时间较晚，直到

广告中的瀑布象征着自然和纯净

20 世纪 50 年代才名声大噪，他的画作因想象丰富，让人印象深刻，受到广泛欢迎。《瀑布》这幅画也许是他所有绘画中最出名的一幅，到现在这幅画仍然很受欢迎，甚至被印刷在 T 恤上。

瀑布纯天然广告

人们普遍认为瀑布象征着纯净，暗示着原始的自然，那时的世界还没有被现代人的生活方式污染。一些广告商精明地利用这些联系来推销产品和服务，以吸引讲究干净并且热爱自然的公众。大量消费者十分关注尘土和污染，或许还要加上精神健康。可悲的事实是，许多瀑布一点儿也不纯净。瀑布的水流量和水质量以及周围环境可能早已被人类活动改变，如农业、林业、发电、旅游业和城市发展。不过，虽然人类对瀑布及其周围环境造成的诸多影响让其景观大打折扣，但数个世纪以来，景观设计中一直都融入自然和人工瀑布，以让公众赏心悦目。因此，下一章将讨论景观设计中如何创造性地利用瀑布。

软饮广告

第九章　景观设计

瀑布的跌水以岩石精心建造，造型优美，吸人眼球。通常情况下，为了让整个景观看起来更自然优美，常以植被遮住瀑布半面。

——朱亚新，《中国园林景观设计》

快乐源"泉"

创造性艺术发展的一个重要媒介是土地本身。人类从远古时期就开始对赖以生存的地球进行改造。首先，毫无疑问，人类最开始四处迁徙和探索环境来满足自身基本需求时，是一种无意识的行为。后来，人类在努力生存过程中才开始有意识地改变周围的环境，例如，通过控制火灾和建造庇护所来管理植被。然而，当我们有意识地进行早期活动时，必须谨慎小心，还应该借鉴其他动物的类似行为，比如，蜘蛛结网、鸟类筑巢和海狸筑坝。海狸会以筑坝的方式来阻塞溪流，从而形成相当宽的低矮瀑布。

如前所述，人类的审美意识和景观偏好在人类数百万年的进化过程中得以发展，这点无须质疑。有大量的经验证据表明，现代广受欢迎的公园式景观，与我们祖先进化时生存的热带稀树大草原类似。开放式草原仍然对我们有着强烈的吸引力，因此我们通常会在公园和花园中重现这种景观。出于同样的原因，我们也更喜欢有水的景观。

人类最早期对自然供水的干预可能是出于严格的实际目的，比如，为了收集饮用水和建造鱼塘而挖凿盆地，以及通过清除阻碍通行的植被、泥土和石头来改善天然泉水。某些情况下，人类还会在泉水旁挖一个盆状水池，以便更好地利用泉水。在这样的水池里，饮水或用容器装水都变得更加简单。但是，这样的水池中一定会有各种各样的物质落入。而当水池中的沉积物被搅动后，水质可能会变得浑浊。并且可能有各种水生生物在水池中繁衍。因此，从合适的高度喷涌而出的泉水中饮水或用容器装水要更可取。正是由于这个实际的原因，世界各地的许多泉水地，泉水水流总是被人为地引导，通过突出的边缘或喷口喷出。用木头、竹子或其他材料制成的简单排水沟或管道是实现这一目标的常用方法，在没有现代供水系统的地方仍然可以看到人们利用这种方式取水。我们人类的祖先也采用了这种布置。人工设计的喷泉可以让人心情愉悦，带来视觉和听觉上的享受。关于这一点的原因，我们前面已经讨论过了。一些地区的人们总是认为泉水十分神圣并具有治疗作用，因此，常以石雕装饰泉水池，有些泉水还用精心修建的建筑围起来。

水力景观

随着农业的发展，特别是依靠人工灌溉的农业的发展，在堰、渠、闸比较常见的地区，人们已经逐渐熟悉了瀑布的景象和声音。古代形成这种景观的地区包括底格里斯河流域和幼发拉底河流域的美索不达米亚地区、埃及的尼罗河流域、印度次大陆的印度河流域、中国的黄河和长江流域、哥伦布到达美洲大陆以前的墨西哥和秘鲁地区，以及夏威夷群岛。类似的视觉景观和声音景观在今天也可以体验到，比如，梯田。连接一个又一个梯田的灌溉渠为这些地方的风景增添了别样的魅力。实际上欧洲的罗马人在引水渠装置中也利用了人工瀑布。人工瀑布不仅可以将水从一个水平面上快速输送到另一个水平面上并消耗水流中潜在的破坏性能量，还有助于水流通气。这一作用有助于净化水流。

随着时间的推移，瀑布的景象和声音逐渐与有利于人类生存和福祉的生产环境联系在一起，并且环境理论中也表明，瀑布可以带来审美愉悦。因此，仅仅为了娱乐而建造瀑布景观，依然符合逻辑。随着社会的发展，部分人开始有闲暇时间和财富来享受生活，景观设计满足了人们的这种需求。

喷泉和瀑布的装饰用途

　　美索不达米亚和古埃及的花园兴许是最早的游乐园林，美索不达米亚和古埃及的灌溉农业至少有 7 000 年的发展历史。古埃及文明、苏美尔文明和亚述文明的发展得益于大规模灌溉系统支撑的高水平农业生产。古巴比伦空中花园建造的梯田所用水流很可能是通过机械方式从幼发拉底河中抽出，并且抽出的水流下降时还可以返回河流，形成装饰性的瀑布。这座空中花园传闻是尼布甲尼撒二世于公元前 6 世纪修建。但是，在古巴比伦遗址及其周围还没有发现这种结构的痕迹。古代传说中的空中花园可能是在尼尼微（古代亚述的都城）发现的那些遗迹。

　　后来，古希腊人和古罗马人把喷泉作为城镇和游乐场的一个重要元素，这些人在开发泉水的过程中，结合了泉水的实用功能和美学功能。通常情况下，泉水水流会被人工导入雕塑装饰的盆状水池。而部分情况下，在有些地方，泉水池会被各种建筑覆盖和包围。

　　古罗马帝国有 120 多个公共喷泉，还有许多私人所有的喷泉。这些喷泉的水流都是通过一个广泛的输水管道从远处的水源汲取而来。古罗马富人的住宅和花园中经常可以看到多以人工小瀑布式样出现的装饰喷泉。罗

2 世纪，约旦哈希姆
王国杰拉什区的罗马
式建筑

马式建筑相当精致，在私人别墅中甚至也相当常见。本
质上，这是一个带有喷泉、瀑布和雕塑的拱形房间，在
炎热的夏天可以让人避暑。气候适宜时，人们非常喜欢
在这儿露天就餐。而这里的花园式餐厅或室外用餐区很
好地实现了这一目的，并且水流通常在这些空间的设计
和功能中发挥着重要作用。长长的走廊、大理石亭子和

藤蔓覆盖的凉棚给食客们提供了阴凉，人们靠在水槽和水池旁的长榻上。瀑布和喷泉的作用使夏天的空气变得凉爽宜人。古罗马皇帝哈德良的蒂沃利别墅是一个巨大的宫殿建筑群。在这座别墅的设计中，大面积利用了水流。小到喷泉，大到巨型瀑布，创造了各种各样的景色和动听的声音。

对于水资源稀缺的地方，人们并不能奢侈地使用水。尽管如此，水仍然是伊斯兰花园非常重要的一个特征，西亚、南亚、北非和南欧的部分地区都有出色的伊斯兰花园范例。典型的伊斯兰花园整个布局与波斯地毯上常见的图案非常相似。"波斯花园"也是这类景观设计的通用术语。从西班牙的阿尔罕布拉宫到伊朗的伊斯法罕，再到印度的泰姬陵，这些地区的伊斯兰花园都是这一设计主题的变体。水池、喷泉和瀑布是这些开放性宜人空间的共同特征，体现了景观设计师在充分利用有限水资

克什米尔，带坡道的
莫卧儿水上花园

源方面的高超技艺。

　　跌水展示在部分地区尤其令人难以忘怀，原因是这些地方像古罗马的蒂沃利一样，倾斜的地形和丰富的溪流为这种景观布置提供了理想的条件。印度的克什米尔山谷最能体现这种情况。印度莫卧儿帝国皇帝贾汗吉尔（统治期，1605—1627）和沙贾汗（统治期，1628—1658）曾在统治期间在达尔湖畔及其周围建造了数百个花园。宫殿花园一般布局在阶地上，水流从阶地上倾泻而下形成宽阔的瀑布，或从阶地上狭窄、刻有丰富图案的陡坡道上倾泻而下。坡道的倾斜角度在设计时要能够有效地反射阳光，同时水流经过的坡道表面上雕刻的扇形或人字形平行花纹图案为跌水增添了一种魅力。大多数莫卧儿水上花园已被损毁，但仍有一些遗迹尚存，令人印象深刻，著名的夏拉玛尔园和尼沙特花园是两个典型。莫卧儿皇帝贾汗吉尔曾坐在沙拉马尔庭院瀑布上方的黑色大理石宝座上，向听众发号施令，这无疑是为了强化统治者强大的形象。宝座位于瀑布前面，整个背景十分震撼。而在阿查巴尔的花园里，在磅礴的天然泉水注入下形成了一个20多米宽的巨大瀑布。

　　平静的水面上通常会倒映周围的建筑、风景和天空，形成了一种异常宁静的氛围。然而，在东南亚文化区域，在一些合适的地方建造了装饰性的瀑布和喷泉。

　　传统的中国和日本园林中的自然主义瀑布与本章目前所讨论的人工瀑布和其他水景截然不同。虽然，世界上许多开放空间的设计师是园林设计和建造方面的专业人士，但中国和日本的园林一般是由僧侣、诗人和画家来设计。人工景观的设计要点是让人感觉仿佛这就是自然的杰作，或者至少是展现出自然景观的部分特质，如不规则性和不对称性。为此，人们造丘、挖湖、堆岩、植树，这些活动有时占地面积大，但更多的时候是在适宜的范围进行。

水在这些活动中举足轻重，池塘、湖泊和溪流往往占据总景观面积的一半以上。一般来说，中国和日本的园林设计师都希望达到一种宁静的效果，但他们也会吸收跌水的动态特质，秉承这种理念建造的人工瀑布通常隐藏在人工山丘的凹地中，不会干扰景观整体的宁静效果。中国人出色的山水画和文章也证明了，中国人很早就领略了自然瀑布的魅力，并将自然瀑布的这些特征人工复制到园林设计上。

日本和中国一样，在景观中非常推崇瀑布，并常常将其引入园林设计中。《作庭记》是 11 世纪日本一本关于园艺的书籍，书中对瀑布的位置、设计和建造给出了详细的建议。这本书还对十种类型瀑布进行了区分，每种类型都有一个特定的名称：双落瀑布、斜落瀑布、跃落瀑布、侧落瀑布、布状瀑布、线状瀑布、阶状瀑布、左右落瀑布和侧前落瀑布。在日本，有些非常古老的人工瀑布仍然在运转，包括京都著名的北山别墅瀑布，这座人工瀑布约于 1224 年建成。瀑布的理想位置是在花园的边缘，会让人产生瀑布后面有一个恒定水源的错觉。而在缺水或可用空间不足导致瀑布建造困难的地方，日本的园丁有时会通过巧妙地安排石头来达到这种效果。他们通常会用一对直立的石头来象征这一特征。虽然中日园林有一些自己的显著特征，但日本和中国传统园林设计与18世纪末和19世纪初在欧洲出现的风景如画的园林风格仍然有许多共同之处，并在一定程度上相互影响。当我们想起欧洲的如画概念和最近的视野庇护理论时，读读朱亚新所著的《中国园林景观设计》，其内容就特别有趣，"为了让整个景观看起来更自然优美，常以植被遮住瀑布半面"。在日本也曾发现同样的设计原则。一位专家曾介绍说，"为了使景色更吸引人，通常会在瀑布前面种植一丛树木作为部分屏障，以免瀑布景观整体裸露在外"。同时，人们还认为瀑布的比例也会影响其美感。《作庭记》一书中曾建议，低矮的瀑布不能太宽，否则看起来像是河上的人工水坝。这种对自然主义的关注也反映在景观设计的另一个特点上，景观设计中一般都没有向上喷水的喷泉，因为水流向上喷涌这一特点与水的自然性质相反。当然也有例外，例如"水施"又名"液压驱动设施"。元朝末代皇帝就曾收到过一座为其打造的喷泉，在这个喷泉上，有滚动的圆球，还有液压驱动的设施。

同其他人一样，中国人和日本人不仅喜欢瀑布景象，也喜欢瀑布的声音。"单条瀑布和多条瀑布发出的不同声音被认为是瀑布所在地区一般特征的一个重要因素"。同时，瀑布的声音通常也是花园建设者试图营造的自然体验的一部分。有一些瀑布的声音被人们以一种毫不掩饰的人工方式加以利用。例如，在中国无锡的寄畅园中有一条八音涧，这条溪涧的音律由水流从不同高度跌落在大小不一、形状各异的石头上发出。

　　但令人遗憾的是，当瀑布跌空时，这种水上音乐就会停止。另一种人造音律是由驱鹿器带动的跌水产生。驱鹿器是一种简单的杠杆装置，最初是用来吓唬动物，让动物远离生长的农作物。驱鹿器引进日本园林后，基本结构是一个在枢轴上旋转的竹管，下跌的水流带动竹管摆动，反复与石头碰撞，产生一种有节奏的舒缓声音。

　　美洲同世界其他地方一样，水管理系统在农业用水和城市中心用水方面发挥了重要作用。水在美洲也经常被用于审美目的。中美洲的古代文明在玛雅文明和阿兹特克文明时期达到顶峰，而在南美洲的安第斯地区，印加帝国取得了辉煌的成就。

　　在哥伦布发现美洲大陆前，一些带有水景的游乐场所一般都是统治阶级住宅。而在一些场所，人工水景在景观设计中也发挥了重要作用，例如，仪式水池和喷泉。15世纪中期，特茨科的统治者在墨西哥城附近的特克斯科津戈建造了一座带花园的宫殿，宫殿坐落在阶状山坡上。在这些山坡上，水流从水库中一路流入盆地，倾泻在岩石上，产生纷飞的水雾。根据阿兹特克历史学家伊克斯利克希特尔的说法，这些水雾就像雨水打在芬芳的花朵上一样。

然而，在整个古美洲，没有哪个民族（部落）在水的审美使用上能超过印加人，尤其是在瀑布和喷泉上。印加人不仅构建了宏伟的农业灌溉系统，他们还出于宗教和娱乐目的修建了水利设施。精美的水景是印加皇家庄园的特色，"工艺精美的喷泉通过雕刻精美的水道注入层叠下跌的水流"。通常，喷泉和瀑布总是与石阶联系在一起，石阶是印加古迹的典型特征。典型的例子是装饰马丘比丘城中央楼梯的华丽喷泉，以及连接维奈维纳遗址上部和下部区域的楼梯旁的 19 座壮观的喷泉瀑布。另外，在另一个完全不同的场景中——的的喀喀湖中的太阳岛岸边，也有一段台阶式的印加喷泉，水流从台阶斜坡上倾泻而下。喷泉也是奥扬泰坦博遗址的显著特征，其令人印象深刻的堡垒和寺庙俯瞰着乌鲁班巴河谷中的印加城镇。印加人与其他地方和时代的人一样，常常根据瀑布等自然景观的特征来建造建筑物。维奈维纳遗址的长台阶以与其相伴随的喷泉而闻名。

印加人和阿兹特克人一样，在 16 世纪曾被西班牙侵略者打败和征服。哥伦布发现美洲大陆前的文明崩溃了，取而代之的是一个殖民体系，它将欧洲的观念和形式强加给了当地人和景观。文艺复兴时期的欧洲开始影响世界，为建筑和景观设计带来了新思想。

在哥伦布到达美洲一千年之前，欧洲也经历了伟大

印加四喷口喷泉

文明的暴力瓦解。古罗马帝国解体之后，古典世界的许
多成就被摧毁。精致的生活，包括游乐花园和喷泉，甚
至更实用的沟渠和灌溉系统，都被破坏或被忽视。最终，
中世纪的崛起见证了欧洲文化生活的复兴，游乐花园和
喷泉在一些地方再次有了用武之地。这些地方当然指的
是皇室和贵族等特权阶级的人生活的城堡和宫殿。中世
纪的很多花园喷泉没有保留到今天，但是保留了很多中
世纪有关花园喷泉的代表作品，文学作品和书面记载中
的内容也多有提到中世纪的花园喷泉。中世纪的喷泉通
常采用华丽的柱状结构，从升起的水槽或沉入地面的水
池中升起。喷泉顶端的几个喷水口周围，通常环绕着雕

刻的人物、动物或其他装饰物。中世纪晚期的绘画经常描绘哥特式设计的喷泉，带有一个或多个尖顶。石头、铅和青铜是建造哥特式喷泉的常用材料。

与其他建筑和艺术作品一样，文艺复兴时期的喷泉结构从原来的哥特式结构发展成了完全不同的结构，这些新的结构源于古希腊和古罗马。文艺复兴时期，欧洲人重新对希腊文化和罗马文化产生了兴趣，同时，这一时期也是瀑布和喷泉在欧洲极为流行的一个时期。瀑布和喷泉如雨后春笋般出现在游乐场所以及其他重要的公共场所，尤其是富人和权贵聚集的地方。现如今，一些古代皇室和贵族的大公园和花园以及城市广场上可以看到许多幸存的喷泉和瀑布。在文艺复兴初期，人们经常使用从古代遗址中发掘出来的古希腊和古罗马雕塑来建造喷泉。罗马式建筑是16世纪园林设计中重新流行起来的众多古典特征之一。喷泉成为展示当代文艺复兴时期雕塑的代表，这些雕塑最终演变成了巴洛克风格。文艺复兴时期喷泉的水流通常流速较缓，从雕塑环绕的柱状轴上的多层盆状水池中倾泻而下，而巴洛克时期的喷泉则更加宏伟，大量的水流从各种巨大雕塑上的孔口中倾泻而下。雕塑上描绘了大量神话和寓言人物。最壮观的巴洛克喷泉主要出现在法国、西班牙、俄罗斯、德国，尤其是意大利。罗马自古以来就以喷泉而闻名，但我们今天熟知的"罗马喷泉"其实主要是文艺复兴时期的产物，当时城市的沟渠需要修缮和修复。最著名的罗马喷泉当属特里同喷泉、四河喷泉、蜜蜂喷泉和特雷维喷泉。特里同喷泉、四河喷泉和蜜蜂喷泉皆出自17世纪著名的艺术家、雕刻家、建筑师济安·贝尔尼尼之手。而特雷维喷泉的设计出自尼古拉·萨尔维。贝尔尼尼也曾提交过一份关于这座喷泉的设计方案，但直到他死后很久，这座喷泉才竣工。

在文艺复兴时期，就像古罗马时代一样，蒂沃利是富人最喜爱的度假胜地，他们在那里建造了豪华的别墅，并布置了宏伟的花园。水再次被大规模使用。蒂沃利的花园有着壮观的瀑布和喷泉，是文艺复兴和巴洛克景观设计最集中的地方。其中最著名的是埃斯特别墅（百泉宫）的游乐场。埃斯特别墅的花园是建于1560年至1590年，如今是一个受欢迎的旅游景点。为了给花园供水，挖掘了一条直径超2米、长600米的隧道。隧道水流提取自艾尼河，并以每分钟77 000升的速度输送到花园顶部的水库中。当水流向下流到别墅地面上时，喷泉和瀑布中就会喷射出水流。埃斯特别墅的喷泉制造者使用了当时最先进的水力技术，从而产生了非常壮观的效果，包括由水力风箱驱动的风琴和自动发声装置。

意大利文艺复兴时期和巴洛克时期的喷泉和瀑布还有很多，例如，巴尼亚亚的兰特别墅（1566）、弗拉斯卡蒂的阿尔多布兰迪尼别墅（1560）、科洛迪的加尔佐尼庄园（1652）和卡塞塔皇宫（1752）。意大利的水景对整个欧洲的景观设计产生了强烈的影响，欧洲许多宫殿和府

位于罗马附近的蒂沃利埃斯特别墅中的100个喷泉大道

邸的场地上建造了规模宏大的喷泉和瀑布，例如英国的查茨沃斯庄园、西班牙的圣伊德丰索宫、法国的子爵堡、俄罗斯圣彼得堡附近的彼得大帝夏宫。位于德国卡塞尔市威廉高地公园的巴洛克式瀑布宽逾 10 米，但只有圭尔涅里最初设计长度的三分之一，圭尔涅里于 1700 年左右设计了这一瀑布。

随着 18 世纪和 19 世纪早期浪漫主义的兴起，向空中喷水的喷泉不再受欢迎，因为人们认为喷泉违背了自然规律。同时又因为瀑布经常出现在自然界中，所以人工瀑布更容易被接受。如果一处房产中包含一座自然瀑布，并且可以融入景观设计中，那就再好不过了。在坎布里亚郡的赖德尔庄园，附近小溪上的瀑布自 17 世纪以来一直是园林景观的一大特色。瀑布所在地的"观景屋"建于 1669 年。多萝西·华兹华斯和她哥哥威廉·华兹华斯曾住在附近，她在日记中提到过许多这样"改进"的例子。

多萝西经常批评地主所实施的景观设计，这些人用各种各样的"游憩路""游憩小径"和"游憩屋"来装饰他们的"游憩场地"，以及许多座椅、栏杆、树木等。在 1803 年的一次苏格兰旅行中，多萝西和她哥哥威廉·华兹华斯以及他们的朋友塞缪尔·泰勒·柯勒律治一起去参观克莱德瀑布。沿着砾石小径，他们在那儿看到了各种各样的设施和装饰，这些设施是为游客娱乐提供方便而设。其中包括长凳，人们可以坐在凳子上舒适地观看瀑布，还有一个"游乐屋"，这是一个圆形的乡村风格小屋，屋上长满青苔。这种屋子在苏格兰的游乐场所很常见。在多萝西早期的日记中，她批评了过分的浪漫主义景观设计，认为种植"不自然的树木"，建造"遗迹、隐居地"等活动破坏了自然。

浪漫的旅行者们对风景如画、蔚为壮观的美景充满热情，有时甚至愿意冒一些考虑在内的风险来亲近大自然。许多地主对瀑布所在地进行了改善，但危险仍然普遍存在。前往瀑布常常要穿过崎岖的峡谷，这些峡谷由于不稳定的岩石和悬崖而变得很危险，而一些观看瀑布的最佳有利位置本身也很危险。在这些地方，人们建起

赖德尔小溪瀑布和斯托克吉尔福斯瀑布，坎布里亚安布尔赛德镇附近，1833 年

了乡村楼梯、人行桥、观景楼以及其他更为坚固的建筑。在其中一些建筑上还安装了镜子，目的是让观众感觉瀑布的水流好像落在自己身上一样。

这些可抵达的自然瀑布也因此变成了风景如画的游乐场，游客可以来此享受。而在没有天然瀑布的地方，人们可能会建造一座或多或少看起来自然的瀑布。英国湖区德文特湖旁边的巴罗庄园瀑布就是一个例子。湖区有大量的天然瀑布，但在这里，一条溪流被分流到岩石表面，在离著名的洛多尔天然瀑布不远的地方形成了人造瀑布。

　　尽管人们偏爱更自然的瀑布，但技术的进步，特别是水泵系统的改进，鼓励了喷泉的建造。事实上，一些喷泉的建造更多的是作为技术成就的奇迹，而不是作为景观设计的美学特征。德比郡查兹沃斯庄园中 88 米高的皇帝喷泉就是一个例子。

　　到 19 世纪中期，钻探技术的进步使得钻孔能够探达供应喷泉的承压水。在自然压力下，这些水流上升到地表，向上喷涌。伦敦特拉法加广场的喷泉最初就是这样运作的，但后来，当自然水压下降时，就引入了抽水机。喷泉的运转越来越依靠机械泵，此后电力成为喷泉动力的一般来源。

　　19 世纪，公园开始在欧洲和其他地方遍地开花。喷泉、瀑布和其他水景通常被用来为这些受欢迎的开放空间增添美感和趣味。在许多地区，由于采矿、倾倒工业废物和其他与工业革命有关的活动，景观受到了污染，公园因此被视为一种便利设施，可以帮助改善肮脏的生活环境。小说家阿诺德·本涅特对他出生地斯托克市附近的一座公园很熟悉，他注意到，以前是工业废弃地，现在建造了有"喷泉和瀑布潺潺流动"的花园。城镇广场上也有喷泉，其中很多是英国维多利亚时期设计的饮水喷泉，目的是希望这些饮水喷泉可以帮助人们减少酒精消费。

　　与此同时，城市公园也开始在北美建立，园林建筑学在北美也逐渐成为一种被认可的职业。意大利和法国的巴洛克式水上花园在如今得到了复制，其中许多在富裕家庭的庄园里，例如，北卡罗来纳州的毕尔特摩庄园和加利福尼亚州的赫斯特庄园。其中，毕尔特摩庄园的设计师是弗雷德里克·劳·奥姆斯特德。直到 20 世纪 30 年代，一个仿造意大利瀑布的瀑布才在华盛顿的子午线公园建成。

20 世纪，尤其是在美国，人们重新对瀑布产生了兴趣，将其作为建筑、景观和城市设计的元素。在建筑设计中使用天然瀑布的一个杰出的例子是弗兰克·劳埃德·赖特设计的落水山庄，这处山庄是宾夕法尼亚州西南部山丘上的一处私人住宅。1936 年至 1939 年间，赖特为考夫曼一家设计并建造了这座房子，其灵感来自瀑布旁那片绿树成荫、岩石林立的风景如画的土地。山庄内，熊跑溪从坚硬的砂岩岩架上倾泻，建筑的一部分戏剧性地延伸到了瀑布之上。无数关于艺术和建筑的书籍转载了赖特的杰作，落水山庄是世界上最著名的现代建筑之一。并且，由于其建筑与自然景观的独特结合，落水山庄也是 20 世纪最伟大的艺术成就之一。

20 世纪的景观设计师们创造了各种令人惊叹的人造瀑布和喷泉，这些瀑布和喷泉成为城市和郊区的常见景观，例如，城市公园和广场、购物中心、办公室和酒店的前院和门厅、度假村和其他开发项目。近年来，世界各地数以百万计的电视屏幕上都能看到各种引人注目的瀑布画面，其中之一就是 2000 年澳大利亚悉尼奥运会开幕式上的瀑布。水与火的结合，让人震撼不已，燃烧着的奥运圣火滑过瀑布的 77 个水平台阶升到体育场的顶部，当仪式达到高潮时，瀑布开始流动。

如今，建筑物庭院和天井里的人工瀑布可能比以往任何时候都多。餐馆里的人工瀑布早已司空见惯，瀑布的景象和声音有助于营造一种轻松的氛围，让人愉快地用餐。瀑布的舒缓效应在家庭和工作场所的水景制造中产生了相当大的行业空间。例如，便携式桌面和台式模型瀑布等一系列令人惊叹的室内瀑布，现在有各种各样的材料可供选择。至于未来的人造瀑布，科幻作家们或许能提供一些线索来预测它们的发展。悬疑小说家迪恩·孔茨在他的短篇小说《地下城市》中，描述了一个由 100 层楼高的巨型环形城市组成的世界，在这个城市综合体的第 83 层，有一个配有人工瀑布的公共水培公园。

弗兰克·劳埃德·赖特，宾夕法尼亚州落水山庄，1936—1939 年

第十章 水力发电与人类定居地

相较其他任何地形，瀑布更能激发人们的雄心壮志，以及人们对潜在发展的憧憬。瀑布的这些自然特质有助于聚落的形成。

——威廉·欧文，《新尼亚加拉瀑布》

水与能量

1847年夏天，詹姆斯·焦耳和他的新娘在法国阿尔卑斯山度蜜月，他们去了萨朗什的阿尔佩纳兹瀑布。不过，这位英国人参观瀑布时脑子里想的可不是什么浪漫情节，而是科学。焦耳曾提出了一个理论，他认为，势能的损失会让瀑布脚下的水温稍微高于瀑布上游边缘的水温。于是，他带了一个大大的温度计，试图测量瀑布顶端和脚下的水温，从而为他的理论提供证据。但他并没有得出确切的结果，因为瀑布在长时间的下跌过程中变成了一团水雾，故而无法精确地测量水温并做出比较。

一直以来焦耳因其所取得的科学成就而备受推崇，发现能量守恒定律就是其一，该定律指出能量既不能被创造也不能被消灭，而只能从一种形式变为另一种形式。这一定律可以通过瀑布来证明。瀑布顶端的水具有重力势能。当瀑布翻过悬崖边缘后，水流开始下跌，在重力的作用下加速。通过这种方式，水在瀑布顶端所产生的重力势能在下跌时转化为动能。最终，当然，这些水能都是通过水文循环从太阳获得的。太阳的热量导致了地球表面水分的蒸发。大气中的水蒸气凝结成云，然后以雨、雪或冰雹的形式降回到地面，补充了地面的水体。地心引力把水从高处拉到低处，导致泉水、小溪和河流流向大海。

早期的猎人和采集者一定很熟悉快速流动和下跌的水流的能量，他们在湍急和翻滚的溪流旁觅食，在溪流中捕鱼，在漂泊中穿过溪流。这种水能最早的实际用途可能是推动木材顺流而下，漂到更接近需要的地方。原始人很快意识到浮木或把浮木绑在一起形成的木筏，可以用来运货和载人，并且可以利用水流的能量来达到这个目的。然而，在运输时，瀑布会造成障碍，对顺流而下的货物和人造成伤害，同时对那些通过运输或其他方式逆流而上的人来说也是障碍。

水能：水车和水力涡轮机

水杠杆是一种利用落水水能的原始设备，结构中包括一个在枢轴上旋转的横梁，横梁一端带有一个开口水桶，而另一端则是一个锤状的配重。水杠杆以跷跷板的方式运转，通过流入桶中的水来激活机器，水压压低了横梁的那一端，导致带有锤子的另一端上升。随着压低的水桶开始倾斜，桶内的水溢出，重量减轻，另一端的配重物因此下降，产生锤击。水流的持续流动使得这一系列动作周期性重复，适合碾压和粉碎物体。

轮子发明后，河流和溪流的能量能够更有效地用于机械目的。关于水车的起源有很多不确定的地方，但可以确定的是希腊或挪威的水磨是早期的水车装置之一。该原始设备上装有一个水平的"轮子"，本质上是一组固定在垂直轴上的桨叶或桨状物，通过一个滑槽或滑道引导水流来转动。为了提高效率，桨叶以一定角度固定在轴上，水流因此可以产生更大的推力。轴的顶部是磨石，也处于水平位置。整个装置不需齿轮转动，因此磨石旋转的速度与水平"轮子"的转动速度相同，两部分由垂直轴直接连接。这种水磨可能是两千多年前在地中海东部的丘陵地区逐渐发展起来的，后来传到欧洲，甚至远到欧洲西北角的斯堪的纳维亚半岛。虽然这种水磨常用于碾碎谷物，但它也有其他功能，例如风箱操作的金属加工。用于金属加工时，这种水磨要求的水量相对较小，但落差要相对较高，因而经常被安放在山间溪流上。

戽水车或波斯水车是一种早期垂直水车，但它与希腊或挪威水磨不同，机器不能开动。戽水车直接从转动轮子的河流中引水。连接在车轮边缘的是两个桨叶，叶片在车轮下沉时浸入水中，水流对叶片提供推力。车轮边缘还连接了罐或桶，会在车轮转动时浸满水。装满水的罐或桶被转动的轮子抬高，当容器从顶部倾斜时，容器内的水就会溢到水槽中，容器重量减轻后开始下降，整个过程不断地循环。近年来，这种水车仍然被广泛用于农业灌溉地区，人们在水流平缓、水量大的大河旁发现了这种水车。这种水车不适合在急流和瀑布冲击的溪流中运转。

戽水车同时也是一种下冲式水轮，依靠水流推动旋转轮底部的桨叶来转动。最早的水磨可能就是受戽水车启发。戽水车的结构包括一个垂直的轮子和一个水平的轴。这种结构与公元前1世纪的古罗马建筑师兼工程师维特鲁威乌斯有关，他曾写过一篇清晰描述机械装置及其齿轮排列的文章。维特鲁威水磨和戽水车一样，动力同样来自作用在车轮底部叶片上的水流。但与戽水车不同的是，水平轴的旋转仅通过简单的齿轮安排来带动垂直轴的旋转，将水轮转动产生的动力传递给磨盘或其他机械。上冲式水磨比下冲式水磨的效率更高，上冲式水磨的车轮由顶部的供水驱动。车轮上的桨或桶可用于控水或盛水，因此，来自水流流动的能量和水流下降的重量都被用来操作水磨。上冲式水磨要求水流猛地下跌，跌水宽度至少要与水轮直径等长。因此，这类磨坊通常坐落在坡度陡峭的溪流旁或附近。与上冲式水磨相似的是俯仰轮或后冲轮，主要的区别在于旋转的方向。通过俯仰布置，水会落在车轮的上游一侧。虽然这可能失去水流流入的动能，但它可以从水流流出驱动水磨旋转时获得能量。另外，即使当流水水平上升超过轴高时，水磨也可以运行，而在一般情况下上冲式水磨却会停止，并且可能损伤水磨。

　　操作水车所需的水取自上游的自然河道，通过一般被称作"引水道"的人工渠道，到达水车的顶部。为了便于把溪流中的水流引到引水道中，通常会提高水压，并建立一个蓄水池或磨坊贮水池，溪流上还会修建水坝

坎布里亚郡的一处瀑布，原用于带动下游水磨的上冲轮。旁边建筑现为度假别墅

或堰。从溪流流入引水道的水流通常由一个或多个水闸控制。水流完工后从车轮底部的尾水道流出。在某些情况下，尾水道又会成为下游另一水车的引水道。规模相对较大的磨坊综合体有时就以这种方式连续布置。几个世纪以来，不同种类的磨和磨轮被引进，它们产生的机械能量被广泛应用于工业。

工业革命在很大程度上归功于水力和燃煤蒸汽机的广泛应用。在 18 世纪末和 19 世纪初，钢铁制造业的进步使得最初用木头建造的水车得到了改进。这最终推动了水力涡轮机的发明。水力涡轮机的转速非常快，特别适合用于发电。

水力发电计划的规模不一，从为个人住宅供电的小型电厂到涉及大型水坝、大型水库、广泛的输电线路及其他活动的大型项目，其目的都是为了满足人口众多的大城市和地区的能源需求。对建筑环境和人类居住区的影响而言，利用落水和利用水力发电获得的机械能之间存在重大差异。后者产生的机械能可以远距离传输，而前者需要在水流源头上消耗能量。

水力发电与人类定居地

由于各种原因，人类定居地最初多建在河流和小溪附近，其中一个重要原因是为了方便获取饮用水和各种生活用水。随着农业的发展，对肥沃、灌溉良好的土地的需求进一步刺激了人们对河谷的占领，并在许多河谷中引入灌溉。农业生产的增加，特别是粮食作物的增加，使得运输和加工农产品的劳动力需求也越来越大，农产品加工主要指的是将小麦和其他谷物磨成面粉。各式各样的磨机长期以来都是利用落水来驱动。格里菲斯·泰勒在提到人类定居点时写道："在整个中世纪和现代历史中，人们一直都对瀑布附近的选址优势有所认识。"泰勒提出了一种叫作"瀑布镇"的定居点。多数情况下，这种定居点最初都是依赖瀑布而建的，但也有些时候是出于其他原因。已建立的定居点可以利用技术革新对附近的水道进行开发以获得机械能，从而促进该地区的发展。

随着制造业的作用日益增强，能源资源（尤其是煤炭）的分布对工业的选址以及人口的分布产生了更大的影响。英国可以说是工业革命开始的地方，但是英国对电力需求增长的第一个反应是将工厂迁至川流遍布的丘陵地带，因为在这些地区人们可以利用急流来操作机械。工厂从原来的城镇迁出还有其他原因，如摆脱城市中心的工业活动必须遵守的法规和缴纳的费用，以及获得相对廉价的农村土地和劳动力。英格兰北部奔宁山脉的河流以及后来新英格兰部分地区的河流为正在兴建的新工厂提供了理想的环境，并且随着机器的使用量和尺寸的增加，以及河道上适合发电的地点数量有限，大型工厂逐渐取代了手工业和小型作坊。英国的水力工业逐渐在全国遍地开花。即使是煤炭代替水力作为能源来源后，许多这样的工厂仍然留在原来地方，只是将原来的机器转换为蒸汽能操作的机器。河流沿岸工业活动的集中以及工厂对劳动力的大量需求促使山地山谷中定居点的增加。河流作为工业动力和工业用水来源的吸引力，以及山谷两侧陡峭的地形对建筑物、道路、运河和铁路站点的影响，使得这些人类定居地逐渐呈线性形式。

但是，在尼亚加拉大瀑布和圣安东尼瀑布等水力主要来源地确实出现了节点聚落的发展模式。圣安东尼瀑布位于密西西比河上，明尼阿波利斯市和圣保罗市便是傍其而生。据查，美国华盛顿州的斯波坎市也是由节点聚落发展而来。19 世纪末期，斯波坎市依靠可用的水力

阿尔韦特·比尔史伯特，《圣安东尼瀑布》（约 1880—1887 年），油画

在本市建立了锯木厂和面粉加工厂，原来的印度鲑鱼捕捞和贸易场所发展成了一个繁荣的城镇。随后，水力发电在斯波坎市逐渐普及，并在20世纪末之前，该市从市名中删除了"瀑布"一词。

明尼阿波里斯市，形态变化后的圣安东尼瀑布

　　虽然某些河流沿线发展出了线性发展模式，如约克郡和兰开夏郡的奔宁山谷中的河流，但水力发电站分布的区域也带来了另一种线性模式。美国东北部的阿巴拉契亚山脉以东有一条瀑布带，这是一条地质界线，河流从抗蚀岩石区域一侧流向另一侧岩石更易被侵蚀的区域。这个边界区域一直呈弧形从亚拉巴马州延伸到新泽西州，区域内遍布瀑布和急流。在多处水景处，逐渐发展出了

很多定居点，有时是因为这些瀑布和急流标志着航行的尽头，大型船只无法越过这些地方继续向上游航行。货物便在这里从河船上卸下来，再通过陆路进一步向内陆运输。后来，这些问题被人们利用运河和铁路解决了。然而，我们已经看到，尽管存在运输障碍，但瀑布仍可作为电力的来源，从而促进工业和城市的发展。美国一些非常重要的城市是从瀑布带定居点发展而来，包括华盛顿哥伦比亚特区、费城和巴尔的摩。

美国最早的一批工业城镇中，有一些开发了东北部各州河流中的水力资源，主要用于纺织制造业。在现有的港口城市巴尔的摩和普罗维登斯建立的早期棉纺厂规模都很小，对城市的发展贡献不大。大型工厂的建立需要长期劳动力。第一个大型工厂建在马萨诸塞州的沃尔瑟姆。沃尔瑟姆位于查尔斯河畔，查尔斯河对该镇早期的工业发展做出了巨大贡献。工厂主为工厂工人建了寄宿公寓，从而扩大了现有定居点的规模。马萨诸塞州洛厄尔市的发展也是得益于梅里马克河提供的水力资源。1826年到1845年间，洛厄尔市的工厂数量从最初的一家增加到33家，人口达到了3万。为了满足众多工人的住宿需求，新英格兰的一些工业城镇也效仿沃尔瑟姆一些工厂主建造寄宿公寓的做法，比如新罕布什尔州的曼彻斯特市和马萨诸塞的劳伦斯市。到1850年，洛厄尔市的居民人数已达到33 000人，人口规模已经超过了芝加哥、底特律和旧金山。但是，和其他工业中心一样，洛厄尔市未能发展成为一个伟大的城市。但美国定居点的格局仍然反映出了水力的影响及其在 19 世纪工业发展中的重要性。

同时，19 世纪城市的发展也带来了许多糟糕的影响，例如，贫民窟和污染。为此，许多有远见的人和改革者提出了改善城镇和乡村生活条件的想法和建议。其中最具影响力的人物也许是埃比尼泽·霍华德，他于 1898 年出版了《明日：一条通往真正改革的和平道路》，后来改名为《明日的田园城市》重新出版。该书的第一版介绍了作者提出的"社会城市"概念，并用理论图展现了一个"无贫民窟、无烟尘的城市群"。一个城市群由一个中心城市和六个环绕中心城市的田园城市组成，这些城市都分布在一个直径 18 千米以农业和林业为主的圆形区域内。值得注意的是，在该区域中，有 14 座瀑布，每座瀑布都与一个水库相关联。这些人造特征都是霍华德为该地区供水和能源构想的巧妙计划的一部分。低水位收集的水可以被抽到高水位水库进行存储和分配。水流下降时，可以产生机械能或用于水力发电。而将水流抽到更高水位所需的能量可直接通过风力泵获得，或者间接通过风力所发的电力获得。

在瀑布这一主题上，霍华德感觉瀑布既美观又实用。他曾写道：

"不幸的是，在我们当前不道德和自私的方法下，几乎无人考虑人类的共同福利。制造商在寻求廉价动力时，很容易认为最便宜的东西成本最低，即使这会让社会付出更高的代价。所以在一些新兴工业（例如铝制造业）问世时，我们总是会听说瀑布被亵渎了，而且瀑布的美丽也被破坏了。然而，非理性的利己主义幻想根本就不存在，只要我们愿意为社会谋福利，就会为工业创造瀑布，原来的瀑布便不会被工业所破坏。"

虽然霍华德为服务社会城市而创造瀑布的计划有些缺陷，但他在可再生能源和城乡规划方面的想法在当时无疑处于领先地位。

在众多因工业开发而发展起来的新定居点中，苏格兰的新拉纳克是最著名的一个。拉纳克附近的克莱德

弗朗西斯·尼科尔森，《史东拜尔的克莱德瀑布》，约1809—1810年，水彩画

瀑布风景秀丽，早就为风景鉴赏家所熟知。正如我们所见，当时的瀑布既是一个受欢迎的旅游景点又被用来为工业提供电力。1783 年，格拉斯哥商人大卫·戴尔劝说水力纺纱机的发明者理查德·阿克赖特与其合作在克莱德瀑布下建立棉纺厂。戴尔与阿克赖特的合作关系没有维持很久，但到 1793 年，戴尔工厂的雇佣人数达到了 1 300 人。罗伯特·欧文在娶了戴尔的女儿后买下了新拉纳克的建筑群。欧文试图在那里创造一个比当时的工业社区更人性化的生活环境，这使他和新拉纳克闻名于世。

在大西洋彼岸，另一个著名的地方——尼亚加拉大瀑布，如今和克莱德瀑布一样，既是一个受欢迎的旅游景点，也是公认的机械能来源地。到 8 世纪中叶，法国和英国的拓荒者开始在尼亚加拉大瀑布附近建立工厂，开发利用了该地区一小部分可获得的潜在能源。锯木厂是该地区最早开发丰富的水力资源和木材资源而建的工厂之一。尼亚加拉地区的第一家锯木厂建于 1725 年。然而，直到 19 世纪 80 年代，尼亚加拉的锯木厂都是从上游的急流中获取水力，而不是从瀑布中获取水力。

尼亚加拉的能源被开发之前，人类就已经在此定居了。美洲人长期以来一直把这个地方当作一个聚集地和贸易中心。尼亚加拉河的急流和瀑布中断了独木舟的运输，迫使运输的时间增长。与欧洲人的贸易开始后，尼亚加拉的重要性逐渐显现，英国和法国在此建造了堡垒和工厂。后来，旅游业开始对尼亚加拉瀑布地区的发展做出相当大的贡献。

19 世纪早期，在美国尼亚加拉瀑布附近的工厂区中，人们开始明显地大规模使用尼亚加拉瀑布的机械动力。到 19 世纪 50 年代，以水力为基础的工业发展改变了这里的面貌。工厂坐落在瀑布旁，独绝天际。始建于 1853 年的尼亚加拉瀑布水力发电和制造公司建造了一条长 1 220 米的水力运河，将瀑布上方尼亚加拉河流的水流输送到下游的工厂。这座水力运河于 1861 年竣工，但在十多年的时间里，财政问题阻碍了其进一步发展。到 19 世纪 70 年代中期，随着新业主的到来，许多制造商纷纷被瀑布之上的工厂吸引。最初，悬崖顶上的每个工厂都有自己的水车和尾水渠。这一发展的视觉冲击是相当大的，却也产生了许多争议。悬崖顶上的工业发展景象，特别是尾水渠的水流流入尼亚加拉峡谷形成的无数人工瀑布，让许多人钦佩不已，但也有人认为这种发展是对自然的污染。

到这时，尼亚加拉大瀑布附近的工厂已经开始使用电力。19 世纪 70 年代至 80 年代，工厂先是用弧光灯照明，然后是用白炽灯。在这一时期，欧洲和北美的工厂、火车站、百货商店和富人住宅越来越多地使用电力，主要用于照明。虽然发电机主要是由蒸汽机驱动，但也有一些发电机是靠水力来驱动。不久过后，在美国和其他地方，水力被用来为建筑群和小社区提供电力。1881 年，美国最早的中央水电站之一由尼亚加拉瀑布水力发电和制造公司在瀑布附近的基地建造完成。中央水电站为尼亚加拉瀑布附近的村庄提供了照明，也为一些工厂提供了电力。

在欧洲，水力发电的潜力也得到了认可，尤其是在瑞士和挪威等国家。这些国家的地形和有限的自然资源限制了当地的经济发展，但这些国家拥有大量未开发的水力资源。在 20 世纪的前十年，挪威的尤坎瀑布被开发来供应大规模化肥厂所需的电力。这无疑促进了尤坎工业镇的发展，该镇人口飙至 9 000 左右，要知道以前镇上仅有 50 个家庭居住。随着技术的不断发展变化，此后该镇人口又逐渐减少到了 4 000 以下。

正如刘易斯·芒福德所言，"在应用中，电力带来了革命性的变化：这些变化涉及产业的位置、集中度、工

19 世纪 90 年代，挪威泰勒马克郡的尤坎瀑布

厂的详细组织以及众多相互关联的服务和机构"。最初，技术的局限性和高昂的成本限制了电力的传输，但是，后来技术的进步使人们能够经济有效地将电能分配到更广泛的区域。因此，工业和其他用电者几乎不会聚集在发电站附近，除非是熔铝厂等耗能极高的产业。正是出

于这一原因，英国铝业公司于 1896 年在苏格兰高地的福耶斯瀑布旁建立了工厂。从那时起，水力资源的可利用性影响了世界上一批大型铝冶炼工厂的选址，例如，位于加拿大不列颠哥伦比亚省基蒂马特镇的加拿大铝业公司。该公司成立于 20 世纪 50 年代初期，之所以选址在基蒂马特镇还有另一个重要的区位因素，那就是这里有一个可供铝矿进口和铝产品出口的深水港。

即使瀑布能产生大量的电力，但瀑布通常不会催生规模大的城市。同时，虽然许多人类住区坐落在瀑布或急流旁，从定居地的地名中可以反映出来，但只有在相对少数的情况下，这一因素才会促使城市的大规模扩张。但有一个大城市可以说是大瀑布的功劳，那就是明尼阿波利斯市。该市和圣保罗市一起坐落于密西西比河畔，人口超过 275 万。圣安东尼瀑布的水力利用在明尼阿波利斯市的发展中发挥了重要作用，特别是在早期该市还是一个重要的锯木厂和面粉厂中心的时候。但是从 20 世纪 30 年代起，随着丰富廉价的电力在全国普及，圣安东尼瀑布作为能源来源的吸引力逐渐下降。不过，导致这种情况发生的更重要的因素可能是这条瀑布阻碍了北美最大通航河流的交通。

可以说，世界上最著名的瀑布城市是尼亚加拉大瀑布附近的两个市，一个在美国，另一个在加拿大。两个城市的总人口超过 13 万，每年参观瀑布的游客达数百万。自 19 世纪初期以来，旅游业为美加边界两侧定居

尤坎的工厂

点的增长做出了重要贡献。在世界许多地方，特别是在沿海地区和风景秀丽的地区，旅游业已成为推动城市发展的重要因素。在这方面，瀑布的作用至关重要。但瀑布的作用主要是作为旅游景点，而非定居地。

加斯帕德·杜盖特，《蒂沃利瀑布》，约 1661—1663 年，油画。自古以来，蒂沃利一直是文化旅游者的热门目的地

第十一章 瀑布与旅游业

是去看伊瓜苏瀑布吗？ 好多人会去那儿。如果你也要去，最好待在巴西一侧。 那边才有好酒店。

那儿值得一游吗？

也许吧，如果你喜欢这种东西。但如果你问我的话，我只能告诉你就是很多很多的水。

——格雷厄姆·格林，《与姨母同行》

自小说家格雷厄姆·格林编写以上虚构谈话后，巴西与阿根廷边界两侧的伊瓜苏瀑布旅游设施都得到了极大改善。幸运的是，对于旅游业来说，很多人确实喜欢看水流在岩石悬崖上翻滚。自古以来，旅游业就是对渴望体验自然奇观和人类某些伟大成就的一种回应。瀑布在自然奇观中一直颇负盛名。

但是，要想去旅游，人们不仅要有欲望远离日常环境，享受新的体验，还必须要有闲暇时间和做这件事的手段。在古代中国和罗马的世界中，只有富裕空闲的人才会四处游乐，寻找能带来各种新奇乐趣的地方。而蒂

巴西和阿根廷边界的
伊瓜苏瀑布

沃利则为古罗马的富人提供了一个方便的隐居之所。权
贵在蒂沃利的山丘、树林、溪流和瀑布之间，建造了带
有花园的游乐宫殿，同时，喷泉和人工瀑布点缀于花园
间，使之更有生气。文艺复兴时期的贵族们也在蒂沃利
建造了宏伟的宫殿和花园，并且他们还创造了许多人工
瀑布以扩张该地区的天然瀑布。在世界的另一端，那些
文人墨客，被山峦叠溪吸引，他们认为这有利于人们静

息和沉思。这正如之前所述，瀑布作为审美愉悦和灵感的来源特别受欢迎。

瀑布作为旅游景点的历史可能和旅游业本身一样悠久。麦肯奈尔将旅游景点定义为"游客、景点和标志（关于景点的信息）之间的经验关系"。对于瀑布来说，信息可能指的是这是一个神圣的地方，是审美愉悦的源泉，或者说是可以享受某些娱乐活动的地方。瀑布通常结合了两种或两种以上的信息。对于一些游客来说，景点主要的吸引力可能很大程度上在于瀑布是一个著名的景点，无数瀑布图像的轰炸让人产生一种熟悉感，同时现场体验原始的真实物能让人获得满足感。尼亚加拉大瀑布就是最好的例子。事实上，尼亚加拉大瀑布是旅游业最令人震撼的景点之一。

大多数游客去参观瀑布可能是为了寻求审美快感，相信在风景优美的自然环境中看到水从高处落下时，他们会体验到满足感。不过，大多数人去的目的是享乐，而非严格追求美学体验，尽管瀑布的美可能是人们选择旅游地点会考虑的重要原因之一。但除纯粹的审美体验外，人们还常在瀑布边进行散步、洗澡、野餐、钓鱼和摄影等休闲活动。瀑布是约翰·厄里提出的观光客凝视的对象之一。瀑布作为景观特征不仅被人们广泛地认为具有审美价值，而且与树木等常见物不同，瀑布在日常生活中并不常见。因此，瀑布极具吸引力和令人好奇的本质能够吸引游客远道而来。另外，游客之所以寻求这

赫伯特·G.庞廷，富
士山与白丝瀑布，约
1905 年，照片

种体验是为了使自己从枯燥的日常生活中解脱出来。

　　然而，瀑布的访问可能会存在问题。瀑布通常出现在那些很难到达，甚至是危险的地方。瀑布一般形成于崎岖的山脉中，经常隐藏在陡峭的峡谷中。不稳定的斜坡、湿滑的岩石以及陡峭悬崖狭窄的缝隙间强大的急流使得瀑布的参观路途变得异常危险。滚落的巨石和茂密的林地让人们更难靠近瀑布。在大规模旅游出现之前，除了住在瀑布附近的人，人们仅能知道的瀑布是那些可以从交通便利的重要道路上看到或听到的瀑布，或者是那些中断了主要通航河流的瀑布。英国早期瀑布旅游文学中提到的一些瀑布至今仍然可以从温斯利代尔的艾斯加斯乌尔河上的老马蹄桥上看到，并且万籁俱寂时，人

日本瀑布的旅游开
发，约 1900 年

英格兰北部蒂斯河上的高力瀑布，自18世纪以来一直是一个受欢迎的旅游景点

们还可以从伦敦肯德尔镇市场到卡莱尔的路上听到瀑布的声音。

　　18世纪和19世纪的一些旅行者在描述游览景点时，详细描述了他们为了游览瀑布所经历的困难和危险。亚瑟·杨是一位 18 世纪的游客，他曾参观了高力瀑布并在日记中记录了自己的旅游经历。他和同伴们不得不手脚并用往下爬，"几乎像鹦鹉一样"，然后"从一块岩石爬到另一块岩石，从一根树枝爬到另一根树枝"，直到他们到达这座宏伟瀑布的脚下。

20 多年后，第五任托林顿子爵约翰·宾描述了他于 1792 年参观高力瀑布时的经历。他和一行人跟着向导穿过了沼泽地带。他们费了九牛二虎之力往下爬，又冒着极大的危险在河边爬行，摸索着巨大的石头，为了到达瀑布底部，有时水流甚至浸到膝盖以上。

随着公路运输的改善和铁路旅行的出现，越来越多的人，包括不断壮大的中产阶级成员，去乡村旅行欣赏美丽的风景。这些休闲旅行者把他们的经历和印象记录在杂志或书上，如上面提到的那些。这些经历的出版，为那些希望追随他们脚步的人提供了有用的信息。到 18 世纪，人们开始专门撰写和出版书籍以引导游客寻找秀丽的风景和有趣的景点。其中有些书还明确提到了鉴赏家们认为欣赏风景的最佳地点。瀑布是这类指南书中最常推荐的风景。

作者们还经常添加一条关于瀑布游览的提示。托马斯·韦斯特在《湖区指南》(1784) 中描述洛多尔瀑布时提示说："这座著名的瀑布在旱季会完全干涸，真是令人遗憾。"从韦斯特的时代到今天，这样的评论经常出现在旅游指南书中，读者常被建议最好在雨后观看瀑布。

游览瀑布时经常遇到的困难和危险引发了游客的抱怨，为此，有人提出了改进建议。亚瑟·杨在英国湖区之行的记录中曾言：

> "这里有众多巍峨壮观的悬崖峭壁，岩石的轮廓突出而深刻，斜坡陡峭悬垂，荒野景色浪漫动人。这些场景构成了最悦目的景象，但是人们必须克服危险和困难才能一饱眼福。从这样的角度来看，曲折的道路应该在岩石上断开，疲倦的游客应该有休息的地方……在岩石的底部，也应实施相同性质的操作，以便人们更好地观赏浪漫的瀑布。瀑布的景象可能会展现一点艺术性，令人惊叹不已。"

韦斯特曾赞扬迈克尔·勒·弗莱明爵士为赖德尔庄园内的小瀑布铺设了一条"便捷之路"的行为，他说，"弗莱明绅士在为瀑布开辟道路上做出了榜样，这座瀑布因而被推到大众面前，这个国家从来不乏充满好奇心的人，即使是毫无鉴赏力的人也可以在方便安全的环境下愉快地参观瀑布"。

在浪漫主义时期，瀑布的"改善"很大程度上与行人通道的改进有关。毫无疑问，大多数游客欣然接受这些便利设施，但正如我们所见，也有人有时会对这些便利设施持批评态度，比如多萝西·华兹华斯。对她而言，苏格兰布鲁尔瀑布的开发尤其令她难以接受，"山坡上的整个裂口和小径极其丑陋，根本不配称为欢乐之路"。

瀑布作为旅游胜地的商业潜力很快被人们发觉。有些瀑布开始收门票费，还有一些景点开始为游客提供导游服务。北约克郡的英格尔顿是一个瀑布遍地的乡村，得益于铁路的铺设，该地有幸成为约克郡众多经历旅游业繁荣的村庄之一。维多利亚时代的一位旅游指南作者曾描述了早期游客为了参观附近瀑布不得不穿越的险峻地形：

> "困难重重的旅途，游客碰到了岩石、水流和悬挂森林等种种障碍。在有些地方，人们还不得不从一棵树荡到另一棵树，再小心翼翼地跳到突出的岩石凸台上，以免踏错一步，掉入下面的深水湾里。要是真的掉下去了，离死亡事故登记可就不远了。"

游客的大批涌入带来了巨大的商机，促使人们改善从村庄通往瀑布的通道。1884 年到 1885 年，英格尔顿改善委员会成立，旨在为人们建设安全便捷的瀑布通道。道路和桥梁的修建让游客在更舒适和安全的环境下欣赏河上的景色。到了 19 世纪 90 年代，英格尔顿改善委员会声称："令人高兴的是，现在这两座峡谷已经得到改善，即使是体弱多病的行人也能到达，拄着拐杖的人可以放心地冒险。夏日的午后，走七八千米，就可以轻

新西兰米尔福德峡湾瀑布
脚下的皮艇

松惬意地观赏完两座峡谷的景色。"20世纪30年代，英格尔顿广告协会在一份详细的广告说明书中强调了步行的安全性，说明书中还提到了一系列台阶、平台、桥梁、路边座位和可以购买饮料的地方。起初，当这两处景点的所有权分开时，每个山谷的入口处都要收取入场费。这种情况激起激烈的商业竞争，导致大量的户外广告丑化了通往风景区的道路。在这两个景点的所有权合并后，情况有所改善，虽然人行道上的劣质标识仍然让一些人不舒服。英格尔顿瀑布漫游现在仍然是约克郡河谷国家公园最受欢迎的旅游景点活动之一。

对于一些希望充分开发瀑布商业潜力的旅游推广者来说，仅仅改善步行通道还不够。19世纪技术的进步催生了各种交通工具，这些交通工具可以将游客从远处送到山顶和瀑布等难以到达的地方。1899年，瑞士莱辛巴赫瀑布修建了一条轨道缆车，使这座原本就很知名的瀑布人气更进一步。在接下来的一个世纪中，缆车越来越频繁地用于旅游运输。乘坐现代缆车，游客可以轻易到达加拿大魁北克附近的蒙特伦西瀑布的顶部。在中国台湾的乌来，游客也可以乘坐缆车登上瀑布顶，乌来除风景名胜外，还修建了一个游乐园以丰富游客体验。要到达乌来瀑布脚下，游客可以选择步行20分钟，也可以选择乘坐5分钟的小型轨道缆车。

有些瀑布可以乘船到达。最著名的游船也许要数尼亚加拉的"雾中少女"号。这艘游船的旅行自1846年就已开始。世界各地有各种各样的船只被用于游览瀑布，其中有些是为了迎合更具冒险精神的游客。在新西兰，游客乘快艇到达胡卡瀑布脚下，快艇速度每小时高达 80 千米，船身 360 度旋转。同样在新西兰，游客乘船游览南岛壮观的西海岸峡湾时可以在最佳的位置观赏一些瀑布。挪威著名的峡湾海岸线沿线也提供类似的旅游体验。如今，人们还经常乘坐飞机游览瀑布，通常是乘坐轻型飞机或直升机。澳大利亚卡卡杜国家公园中坐落着吉姆吉姆瀑布和双子瀑布。雨季时，两座瀑布进入最佳观赏期，但此时人们很难踏过泥土路靠近它们，不过人们可

乘坐游轮的游客近距离欣赏米尔福德峡湾中的一座瀑布

以乘坐旅游航班从空中俯瞰这两座瀑布。委内瑞拉的安赫尔瀑布地址要更加偏远，但现在游客们可以乘飞机去参观这个名声在外却鲜有人踏足的自然奇观，欣赏世界上最高的瀑布在空中的壮观景色。在圭亚那的凯厄图尔瀑布，甚至有一个小型的简易机场，让游客可以从首都乔治敦飞到这个遥远的地方，单程只需一个多小时。维多利亚瀑布镇也有一个国际机场，主要为大型客机提供服务，但在维多利亚瀑布上空的旅游航班是轻型飞机，可以低飞到赞比西河下跌的裂口上。不过，虽然从空中观赏瀑布是一种令人兴奋的体验，但对于地面上的游客来说，观光飞机可能会干扰他们享受大自然的壮丽。同时，观光飞机还会造成视觉和噪声污染，而这正是瀑布通道改善所伴随的负面影响。

直升机服务让游客可以欣赏到世界上一些大型瀑布壮丽的空中景色，例如米尔福德峡湾内陆的索色兰瀑布

瀑布目的地和景点：旅游体验

虽然世界各地的许多瀑布被开发为旅游景点，但只有少数瀑布本身可以视为目的地。在旅游业中，景点是有助于提高旅游目的地吸引力的特征之一。旅游目的地可以是一个国家、地区、城市或国家公园。世界上也许只有两三座瀑布可以归类为旅游目的地。不过，可以肯定地说，尼亚加拉大瀑布、维多利亚瀑布、或许还有伊瓜苏瀑布都可以被归类为目的地。目的地的定义为"具有自己的特色景点，这些景点要被足够数量的潜在游客

知晓，以证明其存在的正当性。在不受其他地方景点的影响下，目的地本身可以吸引游客"。旅游目的地的游客通常会在当地度过数天甚至更长的时间，而不仅仅是短暂的逗留（可能只有一个小时左右），单个景点通常允许短暂逗留。凯厄图尔瀑布世界上最壮观的大瀑布之一，然而该瀑布的空中参观一般也仅持续几个小时。

在尼亚加拉大瀑布旅游的初期，瀑布的参观通常会持续几天，甚至几周。尼亚加拉大瀑布成为大众旅游景点最初靠的是交通的重大改善。早在 19 世纪 30 年代，人们就通过运河和铁路进入尼亚加拉瀑布。失控的旅游业发展改变了尼亚加拉瀑布的环境。私人开发商占据了最佳观景点，然后向想要进入这些景点欣赏景观的游客收费。到了 1860 年，瀑布四周都建起了栅栏和门房。在这里，除可以看到美国和加拿大瀑布两侧的大瀑布外，游客还可以体验其他景点。例如，峡谷、急流、漩涡和风洞等自然景观特征，以及人造景点，例如"雾中少女"游艇之旅和卢瓦纳角的专业摄影服务。

据英国旅行者伊莎贝拉·伯德（1831—1904）回忆，这个时候，她祖国的许多人以为美国应该是"一个土地广阔的乡村，只有一个城镇——纽约；还有一种惊人的自然现象，叫作尼亚加拉"。任何穿越大西洋的游客必不能错过这两处风景。伯德 1854 年访问尼亚加拉瀑布的记录，生动地描述了 19 世纪中期尼亚加拉瀑布的游客体验。一到她住的酒店，位于加拿大河边的克利夫顿

早期的尼亚加拉大瀑
布旅游，19世纪70
年代，平版印刷画

别墅酒店，伊莎贝拉就径直走到悬崖边，这是她第一次见到尼亚加拉这座大瀑布。大瀑布给她留下了深刻的印象，但同时，美国一侧瀑布周边的工业发展和加拿大一侧瀑布的旅游开发所造成的缺陷也给她留下了深刻的印象。她写道："一大堆工厂毁了这个浪漫的地方，人们原本希望在英国一侧的瀑布情况会更好一些，没想到在这里博物馆、古玩店、酒馆和带有闪亮铁皮圆顶的佛塔也比比皆是。"不久之后，一个男人上前和她说话，表示可以提供酒店付费的马车观光服务，她有些失望地回到酒店，还要"忍受着堵在门口半醉半醒的马车车夫们一连串的宰客要求"。从酒店出发去观光探险可能会让人十分恼火。

"游客拖着疲倦的身体被拉着转了一圈，屈从于所谓的必要要求——他必须从前面、上面、下面观赏瀑布；必须翻到瀑布后面，还要被瀑布淋湿；必须冒着残废的风险走下螺旋楼梯，冒着生命危险去摆渡；必须参观血腥小溪，燃烧之泉以及与瀑布完全无关的印度古玩商店。"

只有经历过"游览尼亚加拉大瀑布"这个强加的仪式之后，喜欢独自欣赏风景的游客才能悄悄离开独自去观赏瀑布。游客在这一带走动，不仅要支付与吵吵闹闹竞争激烈的马车车夫打交道的费用，还要支付车辆、道路、桥梁及景点的通行费和门票费，另外，还有茶点、纪念品等支出。一路上可以看到"茶园、古玩店和圆屋顶闪闪发光的怪物旅馆"，不过虽然有争吵不休的司机、不和谐的工厂以及其他成百上千无用的事物，伊莎贝拉·伯德仍然能够泰然自若地享受这片景色无与伦比的美丽，她对尼亚加拉的幻想愉快地实现了。并且，伊莎贝拉堪称一位勇敢的英国女士。她戴着一个油布罩，穿着像车夫行头的衣服，足上裹着一双蓝色的毛线袜，穿着一双印度橡胶鞋，在一个"黑人向导"的陪同下，在马蹄瀑布后面跋涉，向终结岩石走去。她一系列的行为真是与当时其他人的行为截然不同。对她来说，这是一次可怕的经历，其他游客们"最好略过这次经历"。相比之下，登上瞭望塔，从那里"鸟瞰瀑布、急流和乡村的全貌"更让她心情愉悦。显然，从上面这段话可以看出，并不是所有尼亚加拉的旅游设施都让她反感。

后来的旅行中，伯德去了魁北克市，她开车去看了附近的蒙特伦西瀑布。关于这个景点，她写道："蒙特伦西瀑布比尼亚加拉瀑布更让我开心。这里没有工厂、博物馆、导游或古玩店。凡是美的东西，都保留着创造者亲手留下的美好印记。"不过，如今，蒙特伦西瀑布已不再是这种原始状态了。除了83米高的瀑布（"比尼亚加拉瀑布高30多米"）和一座历史悠久的房子，现在这附近还有一家餐馆、酒吧和接待中心。蒙特伦西瀑布公园中还有很多其他景点，例如，缆车、全景式楼梯、瀑布和裂缝上的两架悬索桥、四座全景式观景楼、一条崖顶小径、数家小吃店、三家精品店、一家解说中心、一个游客资讯办公室、考古和历史展览。冬天时，这里还有圆锥形冰山（由瀑布薄雾形成的冰丘），以及为初学者开设的攀冰课程。特别活动包括烟火表演、戏剧演出和展览。

然而，蒙特伦西瀑布的开发规模仍然远远低于尼亚加拉瀑布。目前已列入文物保护名录的尼亚加拉景点包括尼亚加拉夜魔侠博物馆、冬季花园、尼亚加拉水族馆、舍尔科夫地质博物馆、山顶公园购物中心、工厂直销购物中心、一条工匠小径、海德公园高尔夫球场、拉维尼娅波特大厦、尼亚加拉大瀑布会议与游客管理局、尼亚加拉西班牙英雄赛车、观瀑塔、海洋公园以及尼亚加拉公园蝴蝶温室。仅克利夫顿山就有很多可供参观的事物，比如，瀑布塔、吉尼斯世界纪录、恐龙公园迷你高尔夫、里普利移动剧院、娱乐屋、神秘迷宫以及科学怪人之家。这个名录还在增长，"雾中少女"号和风洞等过去热门的旅游景点也逐渐被列入其内，虽然为了安全起见，风洞本身被故意破坏了，起因是 1954 年风洞内一块巨大的岩石砸了下来。自 1925 年以来，尼亚加拉大瀑布的夜晚一直灯火通明。

由于改道发电，尼亚加拉瀑布的水流量已大大减少，但瀑布景象仍然壮观不已。在其他地方，电力计划在很大程度上也破坏了许多曾为著名旅游景点的瀑布，例如，澳大利亚的巴伦瀑布和牙买加的咆哮河瀑布。部分因电力计划而导致流量减少的瀑布，为了游客着想，水流会定期开启。有些广告上还会列明瀑布开闸放水供游客观赏的时间表。这些外观大打折扣的瀑布包括菲律宾的玛丽亚·克里斯蒂娜瀑布、瑞典的特罗尔海坦瀑布和意大利的马尔莫雷瀑布等。

维多利亚瀑布是非洲最大的瀑布目的地，这里的旅游开发远远晚于特尔尼和尼亚加拉。1855 年，伊莎贝拉·伯德北美之旅之后的第二年，利文斯通发现了这个瀑布，不过瀑布的旅游业发展要等到 1904 年这儿通了铁路之后才开始，也正是在这个时候，如今富丽堂皇的维

上游水电站大坝计划
放水之前，新西兰怀
卡托河上的阿拉蒂亚
激流

多利亚瀑布酒店才开始刚刚起步。今天，大多数游客是
通过乘飞机抵达维多利亚瀑布，飞机就降落在度假镇外
的国际机场内，该镇人口数量已超 30 000 人。到 20 世纪
末，这里每月的平均游客人数都差不多，数值趋于平稳。

虽然大多数游客来这儿主要是看世界上最伟大的自然景观之一——赞比西河上的大瀑布,但当地其他的景点也被旅游业开发,特别是非洲文化和野生动植物。与尼亚加拉瀑布一样,维多利亚瀑布也创造了许多其他景点,例如,高尔夫球场、博物馆和纪念品商店。景区的路边挂满了各种商品和服务的广告牌,从观兽旅行、非洲文化表演到蹦极和快餐店,各种广告琳琅满目。维多利亚瀑布拥有世界上最高的商业蹦极,位于瀑布下方赞比亚和津巴布韦边界上的公路和铁路桥上。顺流而下激流泛舟也是一项受人欢迎的极限运动,吸引了许多年轻游客。在瀑布上方,游客可以乘坐轻型飞机或直升机从空中俯瞰瀑布的壮观景色。同时,游客也可以在瀑布上乘船享受更宁静的旅行。

　　与尼亚加拉瀑布相比,维多利亚瀑布周边的开发得到了更好的控制。这座非洲大瀑布的两侧都被国家公园保护着。国家公园是一种景观保护区,尼亚加拉瀑布的商业开发开始时这种保护区还不存在。事实上,19世纪许多游客对尼亚加拉大瀑布被亵渎的愤怒正是美国国家公园运动兴起的主要因素之一。另一方面的原因是铁路公司鼎力支持的旅游开发。黄石国家公园和约塞米蒂国家公园是世界上较早也是最著名的两个国家公园,两座公园中的瀑布异常壮观。同时,各种类型的瀑布也是世界上许多其他风景保护区中重要的景观特征。例如,维多利亚瀑布、伊瓜苏瀑布、凯厄图尔瀑布,以及澳大利

大坝开闸后的阿拉蒂亚激流，附近的布告栏上会通知游客瀑布开闸放水的时间

亚拉明顿国家公园和约克郡谷地中的瀑布。拉明顿国家公园拥有众多瀑布，数量据说达到 500 座之多。而英国许多最美丽最著名的瀑布都在约克郡谷地中可以看到。

旅游景点的游客活动

即使是在国家公园等开发瀑布以供公众观赏的保护区，提供安全便捷的通道也可能会造成视觉干扰，例如，道路、台阶、观景台、围栏以及可能会降低审美体验的标识。正如我们所见，人们可以通过各种各样的交通工具去到一些受欢迎的瀑布。有些人会认为景点新奇的游乐设施是旅行乐趣的一部分。然而，对于另一些游客来说，像风景游乐设施这样的"人工"景点会降低他们追求的"未被破坏的自然"体验。并且如果其他游客的活动干扰到了他们，这个问题可能会进一步恶化。仅仅是其他游客的出现就会让一些人扫兴，尤其是当人群蜂拥而至时，越容易进入的景点，就越有可能吸引大批游客踏足。长期以来，沐浴和野餐都是与瀑布有关的游乐活动。所以，有些可以垂钓的瀑布会成为垂钓者的热门景点。另外，与所有风景点一样，瀑布当然也会吸引摄影师来参观。许多瀑布深受攀岩者和滑雪爱好者的欢迎，他们喜欢在瀑布旁的悬崖上练习技巧，有些人甚至喜欢淋着瀑布爬上爬下。如今人气高涨的溪降运动就总是在瀑布上进行。世界上有些地方的温度经常保持零度以下，

在托马辛福斯瀑布的
野餐活动，位于北约
克郡戈斯兰德附近

　　这为瀑布的攀冰创造了条件。不过，并非所有的瀑布攀登的难度都达到专业攀登者的级别。在牙买加，每年都有成千上万的游客攀登邓斯河瀑布，使这一活动成为该岛最知名的活动之一。在有些瀑布上人们可以选择各种形式的划船。热爱冒险的人可以尝试激流泛舟、滑雪橇和溪降运动等在大瀑布附近常见的极限运动，不过这些活动的路线实际上也会经过低瀑布。新西兰的北岛上有一座图蒂亚瀑布，这座瀑布号称是世界上落差最大的商业漂流和雪橇瀑布。图蒂亚瀑布高达7米，位于凯图纳河之上。

　　瀑布景点的商业化在牙买加北海岸的邓斯河瀑布上体现得淋漓尽致。这座美丽的瀑布位于度假小镇奥乔里奥斯外，坐落在金斯顿与蒙特哥贝主干道之间的交叉口

英国湖区瀑布的攀岩者

上，交通便利。瀑布下方有一个白色的沙滩，这无疑是海水浴的理想地点，为这座瀑布增添了额外的魅力。多年来，瀑布的自然梯级结构总是吸引游客攀登瀑布。这项活动自半个世纪以来一直被牙买加旅游业推广，使著名的邓斯河瀑布成为该国最重要的景点之一。这里每年大约会接待 100 万游客。景区里山水景观、工艺品市场、食品和茶点以及其他便利设施比比皆是，瀑布边和

宣传新西兰北岛凯图纳河激流泛舟的小册子

瀑布中总是人山人海，爱凑热闹的游客多半会被这些地方吸引，而那些喜欢安静地欣赏自然景观之美的人则会避开。因此，许多来牙买加的游客可是会在岛上的其他地方找乐子，而不只是待在瀑布边。另一方面，当地人通过邓斯河在商业上的成功清楚地认识到了瀑布的旅游潜力，这两方面的原因鼓励了牙买加其他几个瀑布的开发。

安全问题

旅游不仅会破坏自然环境，早前就指出，在风景优美的地区享受户外娱乐的游客在参观像瀑布这样的野生景点时也冒着受伤，甚至死亡的风险。在前面章节中谈到英格尔顿瀑布的发展时，我曾提到过这个问题并讨论了旅游业对此作出的反应。虽然采取了一些预防措施，例如设置物理屏障和警告标志，但瀑布和峡谷地区仍然继续发生着事故。这通常是由于游客的粗心或愚勇所导致，但有时则是由于其他原因才导致不幸的发生。幸运的是，像1995年新西兰洞溪观景台的坍塌事故非常罕见，该起事故造成了14人死亡。天气和水流的变化也会在这些地方造成伤亡。通常情况下，偶尔溺水或跌落的受害者只会受到当地媒体的关注，但有时这种悲剧的规模足以登上世界头条。1999年瑞士的溪降运动事故造成18人死亡，2007年泰国的赛荣和普拉沙旺瀑布事故

牙买加伊苏瀑布，一名女子无视警告标识，从瀑布边缘潜入水中

造成至少 37 名游客死亡，这两起事件引起了世界各地媒体的关注。因此，各景区逐渐开始采取措施建立警告系统，以减少游客在参加各种瀑布娱乐活动时所遇到的危险。

甚至是在如今这个时代，也有许多游客难以到达的瀑布，毫无准备的游客可能会面临困难和危险。旅游业还处于早期发展阶段的地区尤其会发生这种情况。2008 年 9 月，澳大利亚报纸报道了一名昆士兰男子在老挝甘蒙省度假的故事。这名男子决定去参观达塞瀑布。达塞瀑布距离他所居住的背包客酒店只有 3 千米的步行距离，通过酒店人员，他得知这次外出参观不需要导游。于是这名游客便沿着丛林小径出发，但是他很快就迷了路，原因可能是上涨的水流把小路淹没了。迷路之后，他在森林茂密、岩石密布的地方经历了 11 天的磨难，这几乎要了他的命……直升机最后发现他躺在一座瀑布边上——不是他本来想去看的那座瀑布，这座瀑布提供的饮用水可能挽救了他的性命。

瀑布与旅游推广

瀑布的吸引力及其作为旅游景点的潜在价值已经得到了广泛的认识。在世界多地，人们已经开始开发利用这些景观资源。一些国家，如委内瑞拉、圭亚那和赞比亚，拥有的瀑布天下闻名，这是他们的优势，而另一些国家，如加纳、马来西亚、文莱和瓦努阿图，宣传的瀑布在全球却鲜为人知，于是这些国家试图通过扩大他们推广景点的范围来丰富本国的旅游产品。通常，广告中的瀑布并不是作为特定的景点，而是作为田园诗般的热带景观元素，以吸引寻找度假天堂的游客。为此，各种广告中都有瀑布的身影。

有一种旅游推广方式可以追溯到一个多世纪以前，那就是图案邮票。第一张以瀑布为主题的邮票是 1894 年比属刚果（刚果的旧称）发行的邮票和 1896 年萨尔瓦多发行的邮票。这两个国家都算不上是旅游业的先驱，但在其他国家，邮票上的瀑布形象无疑是用来促进旅游业的发展。前面讨论过的牙买加邓斯河瀑布有两个不同的

加纳威利瀑布

特色，但该国的第一张瀑布邮票上所展示的图案却是兰多维利瀑布，而这座瀑布现在已经退化到几乎被遗忘。这枚邮票于 1900 年发行，其图像源于詹姆斯·约翰斯顿在牙买加参加旅游宣传活动时所拍摄的一张照片。在世

威利瀑布的游客，
人群中间的那位男
士正在用双筒望远
镜观察栖息在悬崖
上方的蝙蝠

界的另一端——塔斯马尼亚，另一位旅游摄影师兼旅游
活动推动者约翰·瓦特·比蒂拍摄的两幅瀑布照片也被
印刷到 1899 年发行的邮票上。其中一幅是罗素瀑布，现
在仍是塔斯马尼亚最著名的景点之一。从那时起，阿根
廷和津巴布韦等许多国家也参与了进来，逐渐发行了数
百张瀑布邮票。

　　但现如今，围绕瀑布景点而产生的一系列旅游活动

加纳威利瀑布旅游中心

可能会破坏这方面的旅游所依赖的资源。　过度开发只会让那些想要体验自然环境，领略风景之美的游客厌恶。高度开发并商业化的景点会丧失自身的吸引力，促使游客前往其他地方寻求满足感，这反过来又促进了所谓的旅游枯萎病的传播。旅游业和水力发电是威胁瀑布的主要因素，许多美丽的瀑布已经因为这些需求而消失或遭到毁坏。

新西兰菲奥德兰国家公园众多瀑布中的一座瀑布

第十二章 消失、遭到破坏以及受到威胁的瀑布

> 遭到毁弃的瀑布数量正在迅速增加，很多著名的瀑布甚至受到毁灭性的打击，事实上正是这些原因促使我编译这本书，趁着这些知名瀑布仍然宏伟壮观时，将有关这些瀑布的一些描述记录下来。
>
> ——爱德华·C.拉什利，《世界瀑布》

拉什利所著的《世界瀑布》一书至今仍是该领域的经典著作。随着许多瀑布的不断消失，这本书的重要性与日俱增。这些消失的瀑布通常是为了发电和供水以服务工农业和城市发展而牺牲。而其他瀑布则被商业开发为旅游景点。瀑布不仅仅是具有重大文化意义的迷人景观特征，更是宝贵的经济资源。

在我们目前这个因开发地球自然资源而导致物种灭绝程度空前的时代，连一些独特的地貌也濒临消失。随着能源需求的增长，全球煤炭和石油储量迅速减少。水资源的供应也逐渐无法满足各地家庭和工农业的需求，

恐怕连世界上状态最完好的瀑布也会消失。对瀑布最有力的保护是把它们列入国家公园或类似的景观保护区。黄石国家公园建于 1872 年，是美国第一个国家公园。这个国家公园中的瀑布景观至今仍然壮观不已。约塞米蒂山谷中也有许多瀑布，一些世界上落差最大的瀑布也在其内。这些瀑布早在 1864 年该地区被设为州立公园时就受到了保护。约塞米蒂于 1890 年成立国家公园。目前世界上其他被国家公园所保护的大瀑布还有维多利亚瀑布、伊瓜苏瀑布以及凯厄图尔瀑布。许多其他国家公园和类似的保护区也保护着以瀑布为重要特征的风景地貌，例如，新西兰的菲奥德兰国家公园、冰岛的黛提国家公园和英格兰的约克郡河谷国家公园。菲奥德兰国家公园中有众多美丽的瀑布，还包括世界上较高的瀑布之一——索色兰瀑布，黛提国家公园拥有欧洲最宏伟的瀑布——黛提瀑布。而约克郡河谷国家公园中的众多小瀑布，虽然以世界标准来说算小，却是奔宁山脉中独具特色，深受游客的喜爱。通过明智的管理，瀑布可以像其他各种风景一样，以一种可持续的方式开发用于旅游业。

在这些风景资源被旅游业开发的地区，知名度往往是威胁瀑布的最严重问题之一。这一点在牙买加的邓斯河瀑布上得到了最好的例证。如今，旅游文学中对瀑布也多有批评。然而，即使瀑布没有被商业化，对许多人来说，仅仅是一大群人的存在就会减少瀑布之旅的乐趣。游客人数太多还会造成其他相关问题，例如，侵蚀人小径及其周围地区、破坏植物、干扰野生动物、垃圾、涂鸦、噪声以及其他形式的污染。

瀑布旱涝

旅游业的影响会削弱瀑布的美感，然而为了发电、灌溉或其他目的而向上游引水，不可避免地会导致瀑布的水量减少甚至完全干涸，而瀑布的美感往往很大程度上取决于瀑布的跌水量是否充足，这就意味着引水也会导致瀑布美感的弱化。这一问题并不是近期才出现的。18 世纪，旅行家托马斯·彭南特在描述自己去北威尔士的旅行时曾写道："深邃的圆形岩石空洞中，瀑布笼罩在常春藤的阴影中，为这个地方增添了额外的魅力，但是最近，水流被分调到工厂，使这个地方原本水流的奇妙变化黯然失色。"

从那时起，由于改道而造成的瀑布流量减少开始成倍增加。尤坎瀑布是众多因这种方式而消失的大瀑布之一，它曾被喻为世界上最美丽的瀑布之一，却在 20 世纪初因挪威的工业发展而牺牲。还有许多因此而遭受流量大幅减少的瀑布，特别是尼亚加拉大瀑布。尼亚加拉大瀑布从悬崖上跌下的水流量如今还不到大瀑布鼎盛时期的一半。18 世纪和 19 世纪浪漫主义游客所熟知一座苏格兰瀑布——福耶斯瀑布，是早期的瀑布牺牲品。爱德华·拉什利曾为福耶斯瀑布的命运感到惋惜，"但是，

位于巴西和巴拉圭边境的伊泰普大坝吞没了瓜伊拉瀑布

1895 年，尽管许多名人和自然风景爱好者强烈表示抗议，但瀑布还是被一家铝业公司据为己有，如此也只能听天由命了。如今，这座瀑布已经枯竭，几乎没人想去参观一番"。20 世纪后期，在南美洲有两座以这种方式消失的大瀑布：巴西的保罗阿丰索瀑布，由于水流向上游分流，现在已经干涸；还有位于巴西和巴拉圭之间的瓜伊拉瀑布，被下游水坝建设形成的水库淹没。

　　不过，因上游分流而断流的瀑布地点，仍然有可能保持其最初的大部分美景，尤其是在悬崖巍峨挺拔和峡谷森林茂密的地方。北昆士兰的巴伦瀑布和塔利瀑布都因发电而牺牲，但两座瀑布所在的热带峡谷地区仍然美丽依旧。少数情况下，如果瀑布的倾泻量巨大，部分水流的长期转移对瀑布外观产生的影响可能相对较轻。1950 年，加拿大与美国签署了一份关于保护尼亚加拉瀑布的条约。在该条约下，尼亚加拉瀑布一半至四分之三的水流可用于发电，但瀑布流量不可低于条约规定的最低值，瀑布的大部分美景因而得以保持。赞比西河上相对不发达的维多利亚瀑布也遭到了荼毒，在赞比亚一侧

维多利亚瀑布，这部分瀑布名为主瀑布，位于津巴布韦的维多利亚瀑布国家公园内

进行的水力发电过程中损失了部分流量，幸而电力计划规模一直较小，对景观的影响也很小。然而，在瀑布流量较小的情况下，水流的转移不可避免地会导致景观质量的下降，并且在某些情况下，一些曾经著名的景点甚至不再能吸引游客。例如，牙买加的咆哮河瀑布曾经是该岛的主要风景名胜，但是如今这座瀑布几乎无人所知也无人参观。第二次世界大战后不久，在这座瀑布上完成了一项小型水力发电计划，代价却是瀑布曾经的美丽。咆哮河瀑布枯竭后，附近的邓斯河瀑布才成为牙买加最受欢迎的旅游景点之一。

瀑布的现在与未来

虽然许多热爱风景的人对因发展而牺牲的瀑布感到难过，但这些发展所带来的电力和供水益处无疑是巨大的。对此，旅行作家帕梅拉·沃森在她的著作《巴图塔精神：单车独闯非洲》（1999）中生动地进行了阐述。沃森在穿越赤道几内亚共和国时，看到了被称为廷基索瀑布的"遗址"。当时她感到十分羞愧，但当她进入达博拉镇（这里的电力由该瀑布供应）时，她却被这里的生机和活力震撼了，达博拉镇与她在几内亚访问过的其他地方形成了鲜明的对比。"达博拉是一个相当大的城镇，和孔达拉一样大。镇上有电，这使其脱颖而出。"

水力发电相对廉价和清洁，使其异常吸引水力资源

游客在牙买加的瀑布。这两位游客冒着受伤甚至死亡的危险跳下瀑布

易于开发的国家，特别是在替代能源稀少且昂贵的国家。当考虑把瀑布作为经济资源时，有些情况下可能很难在利用瀑布发电还是开发其作为旅游景点之间做出选择。1989 年，牙买加政府就在这两个决定之间徘徊，当时有人提议利用美丽的伊苏瀑布进行水力发电。但是，在一个旅游业对国民经济至关重要的国家里，瀑布作为旅游景点的价值一直被人们所看重。鉴于这方面的原因，最终保护瀑布的观点占了上风。

　　随着能源需求的增长和旅游业的持续扩张，作为经济发展资源的瀑布面临的压力可能会与日俱增。维多利亚瀑布就是一个很好的例子。近年来，联合国教科文组织的世界遗产委员会表达了对该地环境退化的担忧：

> 目前的主要问题是旅游基础设施、污染、入侵物种和上游调水的随意扩散。发展带来的视觉和听觉污染正在加剧。每天有 20 架直升机和轻型飞机在瀑布上空飞行，打扰了野生动物的生存，还有 40 艘游船，其中一些是喷气式游船，在津巴布韦的瀑布上方穿梭。景区目前已有蹦极跳、峡谷秋千、瀑布气球计划、地面上的服务建筑……河两岸的数家旅馆。并且，赞比亚总统已经批准了一个大型五星级酒店、会议厅、高尔夫球场、码头的开发项目，同时他还计划在世界遗产遗址的北岸沿岸建立一个中等 4 星级酒店和豪华别墅。面对大型商业开发和当地人口不断增长的紧迫压力，公园的管理很难到位。

对于旅游业来说，保护和开发是可持续利用的制胜法宝，但为了发电，瀑布又必须付出流量，甚至完全消失，才能利用它们的能量。如果有替代能源，就更容易从美学的角度来主张保护瀑布，因为瀑布的美感会增加其作为旅游景点的价值。水力发电的优点之一在于它是一种可再生资源，是我们必须日益依赖的几种资源之一，化石燃料储量已接近耗尽或由于环境原因而变得缺乏吸引力。但是，如果在利用其他类型的可再生能源方面取得重大进展，例如太阳能和风能，以及来自海浪、潮汐流和生物质能转换的能源，利用瀑布发电的压力可能就会减轻。到那时，就有可能阻止这一奇观的消失，甚至有可能恢复一些为发电而牺牲的瀑布。

自拉什利的时代以来，各种问题已接连出现，并且问题变得越来越严重以至于威胁到了瀑布的美丽和环境质量。当时，拉什利所看到的尼亚加拉大瀑布跌水就已经被废弃物严重污染。这些废弃物主要来自稠密的人口和高度工业化的五大湖地区。虽然最近一些地区的河水质量有所改善，但水污染仍在继续蔓延，甚至影响到那些曾经看起来不受环境恶化影响的瀑布。旅游业的发展既有助于保护瀑布，也增加了瀑布发展方面的问题。土地使用的变化，特别是森林的砍伐，也对瀑布产生了不利影响，例如，土壤侵蚀导致水流浑浊度增加、河流流量的大幅变化往往导致一年中的大部分时间内河道干涸。气候变化是影响河流状况的另一个重要因素，这一因素已经在包括加勒比在内的世界一些地区产生了严重后果。在牙买加，历史学家爱德华·朗早在两个多世纪前就注意到降雨量的减少，这一现象在很大程度上归因于森林的砍伐和相关的气候变化。如今，人们普遍认识到其他人类活动也在影响着全球气候，包括降雨模式。无论什么原因，毫无疑问，在20世纪，牙买加许多以前常年流动的河流开始在一年中的某段时间内断流。

马来西亚已经认识到这种景观退化对旅游业的影响。最近互联网上发表了一篇题为《瀑布干涸是不是槟城旅

老挝的孔恩瀑布，这一系列的瀑布和急流面临着湄公河流域几个国家计划的水坝建设项目的威胁

游业的噩耗？》的文章，作者梅丽莎·达琳·周警告道，槟城的两座瀑布已经干涸，同时，另外三座瀑布正面临同样的命运。人们非法伐木和非法取水是罪魁祸首。为此，槟城的旅游及环境部门成立了一个瀑布恢复委员会来解决这个问题。

　　世界瀑布的命运与我们今天所关心的许多环境和经济问题有着不可分割的联系。这些问题包括气候变化、可再生能源、水资源的需求增加、环境退化、环境保护和生态旅游。从远古时代起，瀑布就在人类的文化和经济生活中扮演着重要的角色，如今，它正面临着许多不同来源的严重威胁。并且，瀑布作为可再生能源和可持续发展的旅游资源，却取之有限，用之可竭。在全球范围内，瀑布的数量有限，是一种濒危的景观。就自然景观而言，世界上瀑布的持续减少和消失将导致审美的贫乏，这将使几代人后无法看到自然界内一些最美丽、最崇高的景观。

致　谢

　　在本书的创作过程中，很多人通过各种方式给予我帮助。他们经常给我提供从大力水手、幻影奇侠到计算机生成的瀑布图像等主题的专业知识。这些人中的部分人在各自的领域都很有名，一个是小说家，一个是作曲家，还有两个是诗人。其他名气不算大的朋友也都竭尽全力地帮助我，甚至徒步沿着泥泞的林地小径，在我的家乡克利夫兰搜索一座掩藏起来的小瀑布。那些好心帮助我的人包括杰瑞·贝克、玛格丽特·德拉布尔、斯科特·恩斯明格、金·福德、布鲁斯·詹尼森、奥利弗·赫尔曼、阿什利·豪斯、苏·洛弗尔、汉娜·露西、西蒙·梅纳西、简·佩格里奥、杰克·夸姆比、布莱恩·谢登、布雷特·史蒂文森、黛博拉·托尔和奈杰尔·韦斯特莱克。对于摄影图像的技术援助，我要感谢昆士兰科技大学，以及亚历克西斯·邦德和特鲁迪·斯班内尔（在布里斯班所拍摄的一组摄影）。我衷心地感激所有这些善良的人以及那些帮助过我的人。

　　多年的瀑布研究中，我得到了昆士兰科技大学，特别是城市发展学院的宝贵支持，对此我表示诚挚的谢意。最后，我还要感谢 Reaktion（瑞科图书）团队在出版《瀑布》的过程中给予我的鼓励和专业指导。

　　本书得到许可收录塞缪尔·梅纳什的诗歌《瀑布》，为此，我要感谢这位诗人，同时我还要感谢这首诗歌的版权所有者美国图书馆和血斧出版社。